Schnellkurs Buchführung

Kaufmännisches Grundwissen

Erich Herrling und Claus Mathes

2. Auflage

C.H.BECK

So nutzen Sie dieses Buch

Die folgenden Elemente erleichtern Ihnen die Orientierung im Buch:

Beispiele

In diesem Buch finden Sie zahlreiche Beispiele, die die geschilderten Sachverhalte veranschaulichen.

Definitionen

Hier werden Begriffe kurz und prägnant erläutert.

! Die Merkkästen enthalten Empfehlungen und hilfreiche Tipps.

Auf den Punkt gebracht

Am Ende jedes Kapitels finden Sie eine kurze Zusammenfassung des behandelten Themas.

Inhalt

Vorwort

In diesem Band werden die Grundlagen der Buchführung anschaulich vermittelt, sodass sie auch für diejenigen unter Ihnen, die bisher nichts mit Buchführung zu tun hatten, sofort verständlich sind. Aber auch denjenigen, die bereits Vorkenntnisse haben, kann dieses Buch durch Beispiele und leicht verständliche Erklärungen helfen, gängige Buchungen zu durchschauen und sein buchhalterisches Vorgehen zu optimieren.

Fachbegriffe werden erläutert, der Umgang mit Konten und Buchungssätzen erklärt. Die wesentlichen Buchungen eines Unternehmens einschließlich der Umsatzsteuer werden ebenso vorgestellt wie die Grundlagen des Jahresabschlusses mit Berücksichtigung der internationalen Rechnungslegungs-, der Bilanzrechtsmodernisierungsvorschriften und die Einnahmenüberschussrechnung für Kleinbetriebe und Freiberufler. Eine Übersicht über die Buchführung mit EDV-Programmen rundet dieses Buch ab.

Für Anregungen und Kritik über das Lektorat Wirtschaft (beck.de) sind wir jederzeit dankbar.

Erich Herrling und Claus Mathes

Fachbegriffe beherrschen: Von der Inventur zur Bilanz

Buchführung als Teil des Rechnungswesens

Das Rechnungswesen eines Unternehmens ist dessen „Informationszentrale". Es dient den vielfältigsten Informationsansprüchen. Das **Controlling** (engl. to control = steuern) gibt eine Entscheidungs- und Führungshilfe, mittels derer das Unternehmen in allen seinen Bereichen und Ebenen in Bezug auf das Ergebnis geplant, gesteuert und überwacht werden soll. Dazu müssen der Datenfluss aus dem Rechnungswesen entsprechend gesteuert und der Unternehmensleitung die „richtigen" Informationen geliefert werden.

Im **betrieblichen Rechnungswesen** werden alle Geld- und Leistungsströme nach Menge und Wert erfasst und überwacht. Die Daten können dann nach mehreren Gesichtspunkten und Zielsetzungen ausgewertet werden. Je nach Zielsetzung gliedert man das Rechnungswesen herkömmlich in vier Bereiche:

1. Buchführung und Bilanz als zeitbezogene Rechnung
   Man bezeichnet die **Buchführung** auch als „Finanzbuchhaltung". Sie erfüllt in erster Linie die Aufgabe der Dokumentation: Mithilfe von Belegen werden alle Geschäftsfälle zeitlich und sachlich geordnet aufgezeichnet. Nach außen hin erfüllt die Buchführung auch die Aufgabe der Rechenschaftslegung und Information, indem sie über die Vermögens-, Schulden- und Erfolgslage des

Unternehmens Auskunft gibt. Daran sind die Eigner oder Teilhaber, die Finanzbehörden des Staates, Kreditgeber, Kunden, Lieferanten, Beschäftigte – also alle, die mit dem Unternehmen zu tun haben – interessiert.

2. Kosten- und Leistungsrechnung als zeit- und stückbezogene Rechnung
   Bei der **Kosten- und Leistungsrechnung** werden die Kosten der erbrachten Leistung und die erzielten Erlöse einander gegenübergestellt. So kann die Wirtschaftlichkeit des Betriebsprozesses kontrolliert werden. Zudem ist dieser Bereich des Rechnungswesens die Grundlage für die Kalkulation der Angebotspreise.
3. Betriebswirtschaftliche Statistik als Vergleichsrechnung
   Mithilfe der **Statistik** können betriebliche Tatbestände und Entwicklungen mittels Kenn- und Beziehungszahlen im Zeitverlauf, nach Verfahren, nach Soll-Ist-Vorgaben oder mit anderen Betrieben verglichen werden.
4. Planungsrechnung als Vorschaurechnung
   In der **Planungsrechnung** wird die erwartete betriebliche Entwicklung abgeschätzt. Sie ist Grundlage für Absatz-, Produktions- und Finanzentscheidungen.

Gesetzliche Grundlagen ordnungsmäßiger Buchführung

Die Buchführung spiegelt nach außen das gesamte Unternehmensgeschehen wider. Der Staat, die Eigner und die Gläubiger eines Unternehmens haben ein Interesse daran, dass diese ordnungsgemäß durchgeführt wird. Deshalb gibt es Gesetze, die Form und Inhalt der Buchführung vorschreiben. Wer durch eine nicht ordnungsmäßige Buchführung Gläubiger schädigt, macht sich strafbar!

Abgabenordnung und Handelsgesetzbuch

Die **Abgabenordnung** (AO) gilt als das „Grundgesetz" zur Regelung des Steuerwesens. Sie enthält neben den Vorschriften für das Besteuerungsverfahren, das Steuerstrafwesen und die Zuständigkeit der Finanzämter in ihren §§ 140 ff. Hinweise für die Buchführung. Nach § 145 AO muss die Buchführung auch für steuerliche Zwecke geeignet sein.

> Nach § 145 (1) AO muss die Buchführung „so beschaffen sein, dass sie einem sachverständigen Dritten innerhalb angemessener Zeit einen Überblick über die Geschäftsvorfälle und über die Lage des Unternehmens vermitteln kann."

Die Buchführungspflicht nach den steuerlichen Vorschriften ist in der AO im § 141 geregelt. Ab einem Umsatz von 600.000 EUR bzw. einem Gewinn von 60.000 EUR müssen Gewerbebetriebe eine kaufmännische Buchführung eingerichtet haben. Unter dieser Grenze genügt eine Einnahmenüberschussrechnung (vgl. hierzu Seite 108).

Die Geschäftsvorfälle müssen sich in ihrer Entstehung und Abwicklung verfolgen lassen. Diese Vorschrift ist vergleichbar mit den Einzelvorschriften des Handelsgesetzbuchs für Kaufleute. Weitere steuerrechtliche Rahmenbedingungen für die Buchführung finden sich

- im Einkommensteuergesetz (EStG),
- im Körperschaftsteuergesetz (KStG),
- im Umsatzsteuergesetz (UStG) sowie
- in den entsprechenden Durchführungsverordnungen und Richtlinien.

Für Kaufleute sind die handelsrechtlichen Vorschriften maßgebend, insbesondere das Dritte Buch des **Handelsgesetzbuchs** (§§ 238–342e) über die Führung von Handelsbüchern. Der erste Abschnitt (§§ 238–263) enthält Vorschriften, die für alle Kaufleute gelten. Dazu gehören

- die Buchführungspflicht,
- die Führung von Handelsbüchern,
- das Inventar,
- die Pflicht zur Aufstellung des Jahresabschlusses,
- die Bewertung von Vermögensteilen und Schulden und
- die Aufbewahrungspflicht.

Der zweite und der dritte Abschnitt enthalten darüber hinausgehende Vorschriften für Kapitalgesellschaften und Genossenschaften. Der vierte Abschnitt beinhaltet Regelungen für Kreditinstitute und Versicherungsunternehmen, insbesondere für die Gliederung, Prüfung und Veröffentlichung des Jahresabschlusses.

Grundsätze ordnungsmäßiger Buchführung (GoB)

Die in den Gesetzen, Verordnungen und sonstigen Bestimmungen einschließlich des Handelsbrauchs enthaltenen Regelungen für die Buchführung von Unternehmen nennt man „Grundsätze ordnungsmäßiger Buchführung" (GoB). Im HGB (§§ 238 f.) wird darauf ausdrücklich verwiesen.

- Die Buchführung muss so beschaffen sein, dass sie einem sachverständigen Dritten innerhalb angemessener Zeit einen Überblick über die Geschäftsvorfälle und über die Lage des Unternehmens vermitteln kann; sie muss also klar und übersichtlich sein.
- Die Geschäftsvorfälle müssen sich in ihrer Entstehung und Abwicklung verfolgen lassen. Daraus folgt: keine Buchung ohne Beleg!
- Von allen Schriftstücken, die mit der Buchführung zusammenhängen, müssen Kopien aufbewahrt werden. Eine Aufbewahrungsfrist von zehn Jahren gilt beispielsweise für Inventare, Handels- und Steuerbilanzen, Gewinn- und Verlustrechnungen, Haupt-, Grund- und Nebenbücher, Anlage- und Vermögenskarteien, Grundstücksverzeichnisse, Kontenkarten und -pläne, Fahrtenbücher, einschlägige Arbeitsanweisungen und Organisationsunterlagen, Bank- und Buchungsbelege, Rechnungen, Quittungen, Lieferscheine, Frachtbriefe, Verträge, Lohnlisten, Reise- und Lohnkostenabrechnungen. Sechs Jahre (vgl. § 257 HGB) gelten für Handels- und Geschäftskorrespondenz.
- Der Jahresabschluss ist in deutscher Sprache und in Euro aufzustellen.
- Die Bedeutung von Abkürzungen, Ziffern, Buchstaben oder Symbolen muss eindeutig festgelegt sein.

- Die Eintragung in Büchern und die sonstigen erforderlichen Aufzeichnungen müssen vollständig, zeitgerecht und geordnet vorgenommen werden (§ 239 Abs. 2 HGB).
- Die Bücher sind ständig auf dem Laufenden zu halten. Die Eintragungen haben unverzüglich, vollständig und richtig zu erfolgen.
- Eine Eintragung oder Aufzeichnung darf nicht in der Weise verändert werden, dass der ursprüngliche Inhalt nicht mehr feststellbar ist. Bereits gebuchte Vorgänge dürfen nicht unleserlich gemacht oder ausradiert, Eintragungen nicht mit Bleistift vorgenommen werden. (§ 239 Abs. 3 HGB)
- Einnahmen und Ausgaben der Kasse sollen täglich festgehalten werden.

Durch das „Gesetz zum Schutz vor Manipulationen an digitalen Grundaufzeichnungen" gelten seit dem 1.1.2017 neue Pflichten und Anforderungen beim Einsatz elektronischer Registrierkassen.

Seit dem 1.1.2015 sind die „Grundsätze zur ordnungsmäßigen Führung und Aufbewahrung von Büchern, Aufzeichnungen und Unterlagen in elektronischer Form sowie zum Datenzugriff" (kurz: „GoBD") zu beachten. Die GoBD beinhalten z. B. Anforderungen an ein internes Kontrollsystem, an die Sicherung des DV-Systems, an die Aufbewahrung von Unterlagen, an die Aufzeichnung von Geschäftsfällen und an die Nachvollziehbarkeit und Nachprüfbarkeit z. B. im Hinblick auf eine Verfahrensdokumentation.

Die beschriebenen Vorschriften gelten für alle Kaufleute, gleich welcher Branche sie angehören und wie groß das Unternehmen ist.[1]

!

Die Inventur

Die Inventur (lat. invenire = ausfindig machen) ist eine Bestandsaufnahme aller Vermögensteile und aller Schulden des Unternehmens, die dabei jeweils einzeln nach ihrer Art, Menge und ihrem Wert zu einem bestimmten Zeitpunkt erfasst werden. Nach dem HGB und der AO (§ 240 HGB und §§ 140 f. AO) ist jeder Kaufmann verpflichtet, Vermögen und Schulden bei Gründung oder Übernahme, Auflösung oder Veräußerung und für den Schluss eines jeden Geschäftsjahres festzustellen. Die Ergebnisse der Inventur werden zunächst im Inventar (siehe S. 16) festgehalten, aus dem letztlich die Bilanz (siehe S. 21) erstellt wird.

Inventur

Definition Start
= mengenmäßige Erfassung und Bewertung in Euro

Welche Formen der Inventur sind üblich?

Die **körperliche Inventur** durch Zählen, Messen und Wiegen kann bei körperlichen Vermögensgegenständen z. B. wie folgt durchgeführt werden:

---

1 vgl. aber Kap. Reform des Bilanzrechts (S. 106)

- Waren werden in Listen, geordnet nach ihrer Art, festgehalten oder es wird verglichen, ob vorhandene Lagerlisten noch stimmen. Bestimmte Vorräte können auch geschätzt werden.
- Der Wert der Gegenstände wird unter Berücksichtigung der Wertminderung als Abschreibung ermittelt.

Die **Buchinventur** erfasst alle nicht körperlichen Gegenstände. Forderungen an Kunden, Guthaben bei Banken, Verbindlichkeiten gegenüber Lieferanten und Banken können nur wertmäßig aufgrund von buchhalterischen Aufzeichnungen festgestellt werden. Deren Richtigkeit wird durch Kontoauszüge oder Saldenbestätigungen nachgewiesen. Grundsätzlich muss die Inventur am Schluss eines Geschäftsjahres, dem sog. Abschluss- oder Bilanzstichtag (siehe auch Seite 84), durchgeführt werden.

Wenn durch organisatorische Maßnahmen gesichert ist, dass eine Wertfortschreibung oder Wertrückrechnung jeweils auf den Abschlussstichtag möglich ist, sind folgende Vereinfachungsverfahren für die Inventur zulässig:

Zeitnahe Stichtagsinventur

Nach Abschnitt 30 Abs. 1 EStR können Vermögensgegenstände innerhalb einer Frist von zehn Tagen vor oder nach dem Abschlussstichtag aufgenommen werden.

Permanente Inventur

Die permanente Inventur setzt eine während des ganzen Geschäftsjahres vorhandene Bestandsbuchführung voraus, in der alle Mengenbewegungen laufend erfasst werden. Dann genügt es, wenn mindestens einmal jährlich der tatsächlich vorhandene Bestand mit dem Buchbestand verglichen wird. Das Wesen der permanenten Inventur besteht darin, dass ein am Bilanzstichtag vorhandener buchmäßiger Bestand (Sollbestand) ohne gleichzeitige körperliche Bestandsaufnahme als tatsächlicher Bestand (Istbestand) zum Bilanzstichtag aufgenommen wird. Der Sollbestand gilt also ohne Nachprüfung als Istbestand (Abschn. 30 Abs. 2 EStR).

Beim Anlagevermögen (s. S. 17) muss das Bestandsverzeichnis jeden Zugang und jeden Abgang daten- und wertmäßig ausweisen (vgl. Abschn. 31 Abs. 5 EStR). Beim Umlaufvermögen (s. S. 17) müssen alle Zugänge und Abgänge nach Tag, Art und Menge (Stückzahl, Gewicht oder Kubikinhalt) in Lagerbüchern nachgewiesen werden.

Zeitlich verlegte Inventur

Die zeitlich verlegte Inventur ist nach § 241 Abs. 3 HGB innerhalb der ersten drei Monate vor oder der ersten zwei Monate nach dem Abschlussstichtag zulässig (Abschn. 30 Abs. 2 EStR). Der Wert des Bestands am Bilanzstichtag muss durch ein Fortschreibungs- oder Rückrechnungsverfahren, das Wertnachweisverfahren, festgestellt werden.

Stichprobeninventur

Die Stichprobeninventur ist nach § 241 Abs. 1 HGB für den Lagerbestand bei Anwendung mathematisch-statistischer Methoden zulässig.

Die **geschichtete Stichprobeninventur** ermöglicht es, die sehr arbeitsintensive Inventur und Bewertung erheblich zu rationalisieren. Dabei wird die körperliche Bestandsaufnahme und Bewertung auf einen bestimmten Prozentsatz der Wirtschaftsgüter beschränkt und dann „hochgerechnet". Insbesondere für den Einzelhandel ermöglicht die Stichprobeninventur eine schnellere und einfachere Inventurabwicklung. Bei diesem Verfahren werden auch die Preise nach dem Zufallsprinzip ermittelt, z. B. wird nur jeder zehnte Preis notiert.

Festbewertung

Vermögensgegenstände des Anlagevermögens und Roh-, Hilfs- und Betriebsstoffe von geringer Bedeutung und mit geringen Veränderungen brauchen nur alle drei Jahre aufgenommen zu werden (§ 240 Abs. 3 HGB).

Das Inventar

Das Inventar ist ein ausführliches schriftliches Verzeichnis der bewerteten Vermögensteile und Schulden eines Unternehmens. Die Differenz zwischen Vermögen und Schulden ergibt das Reinvermögen. Die Ermittlung des Reinvermögens knüpft aber an das Inventar an.

Formale Vorschriften zur Aufstellung des Inventars gibt der Gesetzgeber – im Gegensatz zur Bilanz – nicht. Die geordnete Ablage der Inventurunterlagen (z. B. Listen und Verzeichnisse) mit den entsprechenden Berechnungen genügt. Es hat sich aber durchaus bewährt, die Ergebnisse der Inventur nochmals in einer verdichteten und überschaubaren Form zusammenzufassen, die sich meistens an die Bilanzgliederung anlehnt.

Wie ist das Inventar aufgebaut?

Anlagevermögen

Das Anlagevermögen ist Vermögen, das dem Unternehmen langfristig dient. Maschinen beispielsweise bleiben in der Regel über mehrere Jahre im Unternehmen.

- *Fuhrpark: Beim Fuhrpark handelt es sich um die Fahrzeuge (Pkw, Lkw) des Unternehmens.*
- *Betriebs- und Geschäftsausstattung: Es handelt sich in erster Linie um Einrichtungsgegenstände wie z. B. Möbel und Computer. Stehen diese Gegenstände in der Produktionshalle, spricht man von Betriebsausstattung; stehen sie in der kaufmännischen Verwaltung, spricht man von Geschäftsausstattung.*
- *Finanzielle Beteiligungen an anderen Unternehmen.*

Umlaufvermögen

Das Umlaufvermögen ist Vermögen, das sich durch die Geschäftstätigkeit häufig ändert, z. B. der Kassenbestand.

- *Warenbestand: Dies sind Waren, die das Unternehmen eingekauft hat und unverändert an Kunden weiterverkauft.*
- *Forderungen aus Lieferungen und Leistungen: Eine Forderung besteht so lange, bis der Kunde die Rechnung bezahlt hat. Sie beruht auf einer Lieferung, weshalb man diese Forderungen auch „Forderungen aus Lieferungen und Leistungen" (abgekürzt Ford. a. L. u. L.) nennt.*

Verbindlichkeiten

Verbindlichkeiten sind Schulden des Unternehmens. Dazu gehören:

- *Verbindlichkeiten gegenüber Kreditinstituten: Dies können Darlehensschulden, d. h. Schulden aus einem längerfristigen Bankkredit, oder Hypothekenschulden, d. h. Schulden aus einem langfristigen Bankkredit, bei dem als Sicherheit ein Grundstück dient, sein. Möglich wäre auch, dass das Geschäftskonto überzogen wurde. In diesem Fall spricht man von einem „Kontokorrentkredit" (Kontokorrent = „laufende Rechnung"). Haben Privatpersonen einen solchen Kredit, bezeichnet man ihn häufig als „Dispokredit".*
- *Verbindlichkeiten aus Lieferungen und Leistungen: Ein Lieferant gewährt uns Zeit, die Rechnung zu bezahlen. Die Schulden beruhen auf einer Lieferung von Material oder Waren, weshalb man diese Schulden auch „Verbindlichkeiten aus Lieferungen und Leistungen" (Verb. a. L. u. L.) nennt.*

Reihenfolge im Inventar

Um verschiedene Unternehmen besser miteinander vergleichen zu können, ist es hilfreich, im Inventar eine bestimmte Reihenfolge der Positionen einzuhalten. Folgendes ist zu beachten:

- Zunächst werden das Vermögen, dann die Schulden und schließlich das Reinvermögen in Staffelform (untereinander) dargestellt.
- Innerhalb des Vermögens wird danach geordnet, wie schnell etwas zu Geld gemacht werden kann. Vermögensposten, die schwerer zu Geld zu machen sind, stehen am Anfang. Aus diesem Grund wird zunächst das Anlage- und dann das Umlaufvermögen aufgelistet. Innerhalb des Anlagevermögens steht z. B. ein Gebäude weiter oben, weil es nicht so schnell zu Geld gemacht werden kann

wie z. B. ein Fahrzeug. Innerhalb des Umlaufvermögens sind der Kassenbestand und das Bankguthaben als solche Geld und damit Liquidität schlechthin. Folglich stehen sie innerhalb des Umlaufvermögens am Ende.

- Die Schulden gliedert man in Schulden bei Kreditinstituten und Schulden aus Lieferungen und Leistungen bei Lieferanten. Diese Ordnung entspricht im Wesentlichen einer Ordnung nach der Fälligkeit oder dem Rückzahlungszeitpunkt.
- Zunächst kommen langfristige Schulden und dann erst kurzfristige, die bald zurückgezahlt werden müssen. Ein Bankdarlehen kann z. B. über mehrere Jahre laufen, während Schulden bei einem Lieferanten in der Regel innerhalb von spätestens 30 Tagen zu zahlen sind.

Das folgende Beispiel zeigt ein Inventar. Die erste Zahlenspalte ist für die Auflistung von Einzelbeträgen vorgesehen, während die zweite die jeweiligen Summen enthält.

Inventar der Zweiradhandlung Citybike

Inventar zum 31. Dezember 20XX:

A. Vermögen

I. Anlagevermögen	***EUR***	***EUR***
1. Grundstücke		
• *Humpisstraße 15*	*175.000,00*	
• *Heinkelstraße 13*	*125.000,00*	*300.000,00*
2. Gebäude		
• *Außenlager und Verwaltungsgebäude Humpisstraße 15*	*429.450,00*	
• *Laden Heinkelstraße 13*	*675.000,00*	*1.104.450,00*

3. Fuhrpark lt. Einzelinventarliste 1		*44.550,00*
4. Betriebs- und Geschäftsausstattung		
• *Lagereinrichtung lt. Einzelinventarliste 2*	*45.600,00*	
• *Verwaltungseinrichtung lt. Einzelinventarliste 3*	*29.275,00*	
• *EDV-Anlagen lt. Einzelinventarliste 4*	*6.725,00*	*81.600,00*
II. Umlaufvermögen		
1. Warenbestand lt. Einzelinventarliste 5		*77.200,00*
2. Ford. a. L. u. L.		
• *Kunden lt. Einzelinventarliste 6*		*3.575,00*
3. Kasse lt. Einzelinventarverzeichnis 7		*1.250,00*
4. Guthaben bei Banken		
• *Guthaben Volksbank*	*5.900,00*	
• *Guthaben Kreissparkasse*	*28.780,00*	*34.680,00*
Summe des Vermögens		**1.647.305,00**
B. Schulden		
1. Verbindlichkeiten gegenüber Kreditinstituten		
• *Darlehen bei der Volksbank*	*890.600,00*	
• *Darlehen bei der Kreissparkasse*	*123.145,00*	*1.013.745,00*
2. Verb. a. L. u. L.		
• *Helux AG*	*15.150,00*	
• *Krumm GmbH*	*17.350,00*	*32 500,00*
Summe der Schulden		**1.046.245,00**

C. Ermittlung des Reinvermögens (Eigenkapitals)

Summe des Vermögens	*1.647.305,00*
– Summe der Schulden	*1.046.245,00*
= Reinvermögen (Eigenkapital)	**601.060,00**

Auf den Punkt gebracht

Rechtliche Grundlagen für die Finanzbuchhaltung und Bilanzierung sind das Handelsgesetzbuch (§§ 238–342), die Abgabenordnung, das Einkommensteuergesetz und internationale Normen wie die IFRS (siehe S. 94).

Das Inventar muss jährlich aufgestellt werden und enthält eine detaillierte Übersicht über alle Vermögensteile und Schulden. Es ergibt sich aus der Inventur.

Die Bilanz

Je größer ein Unternehmen ist, desto mehr steht es im Blickfeld der Öffentlichkeit. Diese ist daran interessiert, in die wirtschaftliche Lage eines Unternehmens Einblick nehmen zu können: Das Wohlergehen vieler Menschen hängt oft vom Wohlergehen des Unternehmens ab. Aber auch kleine Unternehmen können ihre „Zahlen" nicht ganz verschweigen: Wer Kredit von Kreditinstituten, aber auch von Lieferanten oder staatlichen Stellen erhalten will, muss seine „Vertrauenswürdigkeit" erst einmal dadurch beweisen, dass er seine wichtigsten wirtschaftlichen Verhältnisse offenlegt. Außerdem verlangt dies der Staat für die Steuererhebung.

Diese Offenlegung geschieht bei buchführungspflichtigen Unternehmern regelmäßig mit der Bilanz des Unternehmens.

Der Begriff „Bilanz" ist auch in die Alltagssprache eingegangen: Man zieht „Bilanz" eines Handelns oder die „Bilanz" des vergangenen Jahres.

Das Unternehmen kann sein Ergebnis in der Gesamtsumme auch aus dem Inventar ableiten. Für die Öffentlichkeit und selbst für eigene Zwecke ist diese Übersicht meistens zu umfangreich und zu unternehmensspezifisch. Der Gesetzgeber hat deshalb durch die Formvorschriften im Zusammenhang mit der Bilanzierungspflicht eine gewisse Vereinheitlichung geschaffen.

Bilanz

Die Bilanz ist eine verkürzte Fassung des Inventars in einer für alle Unternehmen einheitlichen Form. Darin werden Vermögen und Schulden eines Unternehmens einander gegenübergestellt. Zusammen mit der Gewinn-und-Verlust-Rechnung (s. Seite 94) bildet sie den Jahresabschluss (mehr ab Seite 73).

Die Buchführung wurde früher tatsächlich in Büchern erfasst. Da wir von links nach rechts schreiben, beginnen wir auch in einem Buch mit der linken Seite. Der Kaufmann früherer Zeiten schrieb sein Vermögen auf die linke, seine Schulden auf die rechte Seite in sein Buch. Das Reinvermögen konnte dann als Saldo, also als Differenz zwischen der linken und der rechten Seite, errechnet werden. Der Jahreserfolg lässt sich auch durch den Vergleich des Eigenkapitals am Jahresanfang mit dem am Jahresende feststellen.

> Die Vermögenswerte auf der linken Seite der Bilanz werden „Aktiva" (lat. activus = tätig) genannt, die Schulden und das Reinvermögen auf der rechten Seite „Passiva" (lat. passivus = untätig).

Wie entsteht eine Bilanz?

Die in der Bilanz angegebenen Werte werden aus dem Inventar abgeleitet. Die Ergebnisse der Buchführung während des Geschäftsjahres (Sollwerte) werden mit den Vorgaben der Bilanz (Istwerte) verglichen und im Rahmen der Abschlussarbeiten korrigiert.

Betrachtet man das Inventar von Citybike im Beispiel oben (S. 19), wird deutlich, wie die Darstellung kompakter gestaltet werden könnte:

- Bei der Betriebs- und Geschäftsausstattung könnte nur der Endbetrag angegeben werden (ohne Auflistung einzelner Teile).
- Bei den Forderungen a. L. u. L. könnte nur die Summe angegeben werden.
- Beim Bankguthaben könnte auf die Auflistung der einzelnen Banken verzichtet werden. Bankguthaben und Kassenbestand gelten als „flüssige Mittel".
- Bei Angabe der Darlehensschulden könnte auf die Auflistung der einzelnen Banken verzichtet werden.
- Bei den Verbindlichkeiten a. L. u. L. könnte nur die Summe angegeben werden.

Im § 266 HGB wird für Kapitalgesellschaften (z. B. GmbH, AG) die Bilanzgliederung genau vorgeschrieben. Für Einzelunternehmen und Personengesellschaften (z. B. OHG, KG) wird keine detaillierte Bilanzgliederung festgelegt. Diese Unternehmen müssen lediglich die in § 247 HGB genannten Gliederungspunkte beachten.

Inzwischen hat sich das Bilanzschema, wie es in § 266 HGB für große Kapitalgesellschaften vorgeschrieben ist, allgemein durchgesetzt. Der Grund liegt darin, dass dadurch Bilanzen verschiedener Unternehmen besser miteinander verglichen werden können. Zudem entspricht diese Gliederung auch derjenigen, die in den weit verbreiteten Finanzbuchhaltungsprogrammen (vgl. Seite 113) zu finden ist.

Innerhalb der Bilanz ist die Reihenfolge der Positionen genau festgelegt und muss eingehalten werden. Die Anordnung der Positionen erfolgt nach denselben Gesichtspunkten wie beim Inventar:

Vereinfachte Bilanzgliederung	
Aktiva	**Passiva**
A. Anlagevermögen • Grundstücke/Gebäude • Fuhrpark • Betriebs- und Geschäftsausstattung B. Umlaufvermögen • Waren • Forderungen a. L. u. L. • Flüssige Mittel	A. Eigenkapital B. Verbindlichkeiten • Verbindlichkeiten gegenüber Kreditinstituten • Verbindlichkeiten a. L. u. L.

Die linke Seite der Bilanz gibt darüber Auskunft, wofür das Kapital verwendet wurde (z. B. für den Kauf von Grundstücken/Gebäuden, Firmenfahrzeugen/Fuhrpark). Sie informiert also über die Mittelverwendung oder Investition.

Die rechte Seite der Bilanz zeigt, woher das Kapital stammt (z. B. vom Unternehmer = Eigenkapital; von Banken = Verbindlichkeiten gegenüber Kreditinstituten). Sie informiert also über die Mittelherkunft oder Finanzierung.

Ergänzt werden die Bilanzposten durch den Ausweis von Rechnungsabgrenzungsposten (siehe Seite 97). Diese dienen dazu, die Vermögenssituation auf das jeweilige Geschäftsjahr zu beziehen.

Auf den Punkt gebracht

Die Bilanz ist eine verkürzte Darstellung des Inventars. Kapitalgesellschaften müssen sich bei der Erstellung an bestimmte Gliederungsvorschriften halten.

Auf der linken Seite der Bilanz (Aktiva) steht das Vermögen (Anlage- und Umlaufvermögen). Die rechte Seite der Bilanz (Passiva) zeigt, wie das Vermögen finanziert wurde (Kapital). Die Verbindlichkeiten werden nach ihren Fristen als lang- und kurzfristige ausgewiesen.

Im Jahresabschluss wird die Bilanz durch die Gewinn-und-Verlust-Rechnung ergänzt. Diese zeigt, welche erfolgswirksamen Geschäftsvorgänge während des Geschäftsjahres zu einer Verminderung (Aufwendungen) und welche zu einer Erhöhung des Eigenkapitals (Erträge) geführt haben.

Grundbuch – Hauptbuch – Bilanzbuch

Betrachten wir einmal den gesamten Ablauf der Buchhaltung eines Geschäftsjahres:

Eröffnungsbilanz

Das Geschäftsjahr beginnt mit der Eröffnungsbilanz. Sie ist identisch mit der Schlussbilanz der vorangegangenen Rechnungsperiode. Beim Buchen mit einem Finanzbuchhaltungsprogramm können die Anfangsbestände in den Folgejahren auch automatisch vorgetragen werden.

Was bedeuten Primanota, Grundbuch und Journal?

Nach Eröffnung der Konten kann mit den Buchungen im neuen Geschäftsjahr begonnen werden, sobald die ersten Geschäftsfälle entstehen. Häufig werden die Belege erst vorkontiert und die Buchungen in Listen zusammengefasst: Die erste Auflistung von Buchungssätzen (s. S. 33) nennt man Grundbuch, Journal (= Tagesbericht) oder auch Primanota (= erste Notiz). Dabei sind die Buchungen in zeitlicher (chronologischer) Folge geordnet. Gleichartige Buchungen können im Journal zusammengefasst werden.

Hauptbuch

Die Buchung auf den Konten nennt man auch „Buchungen im Hauptbuch". Hier wird sachlich geordnet. Man kann täglich oder auch in periodischen Abständen buchen. Zum

Hauptbuch rechnet man insbesondere die Sachkonten. Das Inventar und die Bilanz zählt man zum Inventar- und Bilanzbuch, die gesondert geführt werden.

Ein Hauptbuchkonto selbst kann, um mehr Transparenz zu erhalten, in weitere Unterkonten aufgeteilt werden. So kann für das Warenkonto ein Unterkonto für „Bezugskosten" eingerichtet werden. Die Unterkonten werden nach den Regeln der Eröffnung von Bilanzkonten eröffnet und abgeschlossen. Die Hilfs- und Unterkonten werden größtenteils im Rahmen der Inventur abgestimmt.

Nebenbücher

Ein Unternehmen muss nicht nur die Höhe der gesamten Forderungen an Kunden kennen, sondern auch für jeden Kunden den von diesem geschuldeten Betrag beziffern können. Diese Aufgabe muss in der Debitorenbuchhaltung erledigt werden (Debitoren = Kunden). Die Debitoren- oder Kundenbuchhaltung ist ein Beispiel für die Nebenbücher (Hilfsbücher oder Skontros), die in einer ordnungsmäßigen Buchführung eingerichtet sind, deren Bestände aber nicht direkt in der Bilanz erscheinen. Für jeden Kunden wird ein Konto geführt, auf dem Zu- und Abgänge wie im Bilanzkonto „Forderungen" eingetragen werden.

Weitere Nebenbücher sind beispielsweise

- das Lagerbuch,
- das Anlagebuch,
- das Lohn- und Gehaltsbuch und
- das Wechselbuch.

Rohbilanz, Schlussbilanz, Eröffnungsbilanz

Während des Geschäftsjahres können je nach Bedarf periodisch die Salden der Konten errechnet und zu einer Rohbilanz zusammengefasst werden. Diese ist für die Planung und Kontrolle unbedingt erforderlich.

Die Endbestände in den Bestandskonten werden mit den Inventurwerten verglichen. Für die Schlussbilanz zum Jahresende sind die Inventurwerte die entscheidende Größe.

Die Schlussbilanz wird in der nächsten Periode zur Eröffnungsbilanz. Man spricht hier vom „Grundsatz der Bilanzidentität".

Von der Kunst, korrekt zu buchen

Wie man Bestandskonten ableitet

Die Bilanz wird zu einem bestimmten Zeitpunkt erstellt und bezieht sich auf den Stand des Unternehmens zu diesem Zeitpunkt. Wenn wir aber während des Jahres unsere Geschäftsfälle erfassen wollen, benötigen wir eine „Zeitraumbetrachtung". Dafür werden aus den Positionen der Bilanz einzelne Konten – die Bestandskonten – abgeleitet.

Die Erfassung der Geschäftsfälle eines bestimmten Zeitraums erfolgt mithilfe von Bestandskonten. Da diese die Form eines großen T haben, spricht man auch von T-Konten.

Auf welcher Seite die Geschäftsfälle in den Bestandskonten einzutragen sind, richtet sich nach der Stellung der zugehörigen Position in der Bilanz. Konten, die aus Bilanzpositionen der linken (Aktiva-)Seite abgeleitet werden, bezeichnet man als aktive Bestandskonten. In diesen Konten steht der Anfangsbestand links.

Ableitung von Konten

Auf der linken Bilanzseite stehen im Umlaufvermögen die flüssigen Mittel. Daraus leiten wir die Konten „Kasse" und „Bank" ab. Ein Konto „Flüssige Mittel" einzurichten, wäre wenig vorteilhaft, weil man dann bei der Erfassung von Geschäftsfällen nicht genau sagen könnte, ob das Geld in der Kasse oder auf dem Bankkonto liegt. Diese Information ist aber wichtig.

Eintragungen in T-Konten

Haben wir am Anfang des Jahres 1.000 EUR in der Kasse, dann tragen wir dies im T-Konto „Kasse" als Anfangsbestand auf der linken Seite ein. Kommt im Laufe des Jahres erneut Geld in die Kasse, wird dies ebenfalls auf der linken Seite eingetragen, da es ja zum Anfangsbestand hinzukommt. Entnehmen wir Geld aus der Kasse, müssen wir dies auf der rechten Seite des Kontos eintragen (Abgang).

Haben wir am Anfang des Jahres eine Forderung an einen Kunden in Höhe von 5.000 EUR, dann tragen wir dies als Anfangsbestand auf dem Konto „Forderungen aus Lieferungen und Leistungen" links ein. Kommt im Laufe des Jahres eine neue Forderung hinzu, tragen wir dies ebenfalls auf der linken Kontenseite ein. Zahlt ein Kunde eine Rechnung, dann nehmen unsere Forderungen an ihn ab. Diese Abnahme tragen wir auf der rechten Kontenseite ein.

! Bei allen Konten, die von der Aktiva-Seite der Bilanz abgeleitet werden, steht der Anfangsbestand links.

Konten, die aus Bilanzpositionen der rechten (Passiva-) Seite abgeleitet werden, nennt man passive Bestandskonten. Bei diesen Konten wird der Anfangsbestand rechts eingetragen.

Konten für Verbindlichkeiten

Aus der Bilanzposition „Verbindlichkeiten" leiten wir die Konten „Verbindlichkeiten aus Lieferungen und Leistungen" und „Verbindlichkeiten gegenüber Kreditinstituten" ab. Haben wir am Anfang des Jahres bei einem Lieferanten Schulden in Höhe von 10.000 EUR, dann tragen wir dies auf dem Konto

„Verbindlichkeiten aus Lieferungen und Leistungen" rechts ein. Kommen neue Schulden bei Lieferanten dazu, wird dadurch der Anfangsbestand an Schulden erhöht. Deshalb tragen wir die Zunahme ebenfalls auf der rechten Kontenseite ein. Nehmen unsere Schulden ab, tragen wir diese Abnahme auf der linken Kontenseite ein.

In Konten, die von der Passiva-Seite der Bilanz abgeleitet werden, steht der Anfangsbestand immer rechts. !

Die beiden Kontenseiten brauchen einen Namen. Die linke Kontenseite wird bei allen Bestandskonten mit **„Soll"** und die rechte mit **„Haben"** bezeichnet. Die Bezeichnungen lassen sich aus der Geschichte der Buchführung erklären:

Als man begann, Bücher zu führen, legte man zunächst für jeden Kunden ein Konto an. Die linke Seite bezeichnete man mit „der Kunde **soll** zahlen" und die rechte mit „der Kunde **hat** gezahlt". So entstanden in Kurzform die Bezeichnungen „Soll" und „Haben", die man dann für alle Konten übernommen hat.

Die Bezeichnung der Seiten ist verwirrend. Vom Alltagsverständnis her verbinden wir mit Soll = Minus und Haben = Plus. Das gilt aber nicht für die Buchführung. Um auf der jeweils richtigen Seite des Kontos zu buchen, ist es wichtig, die genannte Vorstellung aus dem Gedächtnis zu streichen. Es gelten einfach die folgenden Überlegungen:

1. Auf welcher Seite steht der Anfangsbestand?
2. Kommt etwas hinzu, so kommt es zum Anfangsbestand dazu und wird folglich auf derselben Seite gebucht.

3. Geht etwas weg, muss es zur Unterscheidung auf die andere Seite geschrieben werden.

Dass wir dennoch nicht auf die Namen „Soll" und" Haben" verzichten können, liegt auch daran, dass PC-Buchhaltungsprogramme diese Bezeichnungen verwenden.

Buchführung muss immer aus der Sicht dessen betrachtet werden, der sie betreibt. Wenn es um unsere Buchhaltung geht, dann betrachten wir die Geschäftsfälle auch nur von unserem Standpunkt aus.

Konto überzogen: Die Sicht der Bank

Nehmen wir an, ich überziehe mein Konto bei der Bank um 3.000 EUR. Was bedeutet das aus Sicht der Buchhaltung der Bank? Die Bank führt in ihrer Buchhaltung ein Konto mit dem Namen „Mathes". Da mein Konto bisher auf null stand und nun überzogen wird, hat die Bank an mich eine Forderung auf Rückzahlung der 3.000 EUR. Die Bank bucht dies auf der Soll-Seite des Kontos „Mathes". Dies tut sie aber nicht, weil aus Sicht der Bank „Soll = Minus" wäre, sondern weil der Anfangsbestand des Kontos „Mathes" (hier = 0 EUR) links (= Soll-Seite) steht und zu diesem Anfangsbestand nun etwas hinzukommt. Da der Kontoauszug von der Bank erstellt wird und die Sicht der Bank-Buchhaltung zeigt, steht im Kontoauszug „3.000 EUR Soll".

Am Jahresende werden die Endbestände auf den Bestandskonten rechnerisch ermittelt. Man bezeichnet diese Endbestände auch als Salden. Diese werden mit den tatsächlichen Werten, die sich aus der Inventur ergeben, verglichen. Ergeben sich Differenzen, müssen die Konten an die tatsächlichen Werte angeglichen werden.

Auf den Punkt gebracht

Konten, die aus Positionen der linken (Aktiva-)Seite der Bilanz abgeleitet werden, nennt man „aktive Bestandskonten". Anfangsbestand und Zugänge werden auf der linken, Abgänge auf der rechten Kontenseite gebucht.

Konten, die aus Positionen der rechten (Passiva-)Seite der Bilanz abgeleitet werden, nennt man „passive Bestandskonten". Anfangsbestand und Zugänge werden auf der rechten, Abgänge auf der linken Kontenseite gebucht.

Die linke Seite eines Kontos bezeichnet man mit „Soll", die rechte mit „Haben".

Kurz und knapp: der Buchungssatz

Das manuelle Eintragen der Geschäftsfälle auf den T-Konten ist sehr zeitintensiv: Ein Buchhaltungsprogramm kann uns diese Arbeit abnehmen. Wir müssen dem Programm aber irgendwie mitteilen, dass es z. B. auf dem Konto „Bank" 5.000,00 EUR im Soll (links) buchen soll. Diese Mitteilung muss in möglichst knapper Form erfolgen. Die Lösung hierfür ist der „Buchungssatz". Er drückt aus, auf welchen Konten (mit Angabe der jeweiligen Kontenseite) welche Beträge zu buchen sind.

Ein Buchungssatz ist wie folgt aufgebaut:

Konto, auf dem links (= im Soll) gebucht wird	Konto, auf dem rechts (= im Haben) gebucht wird	Betrag (bei uns immer in EUR)

Von der Geschäftskasse auf das Bankkonto

Wir nehmen 2.000 EUR aus der Geschäftskasse und zahlen den Betrag auf unser Bankkonto ein. Der Betrag wird am selben Tag unserem Bankkonto gutgeschrieben.

Soll	***Haben***	***Buchungsbetrag***
Bank	*Kasse*	*2.000,00 EUR*

In einigen Buchhaltungsprogrammen werden die Begriffe „Konto" und „Gegenkonto" benutzt:

Konto	***Gegenkonto***	***Buchungsbetrag***
Buchung im Soll	*Buchung im Haben*	
Bank	*Kasse*	*2.000,00 EUR*

Bucht man auf T-Konten, erfolgt eine sachliche Ordnung. So stehen z.B. auf dem Konto „Kasse" alle Geschäftsvorgänge, die sachlich die Kasse betreffen. Man spricht auch vom Hauptbuch. Die Buchungssätze werden nach Datum eingegeben, folgen somit einer chronologischen Ordnung. Hier spricht man vom Grundbuch oder Journal (s. S. 26).

Auf den Punkt gebracht

Ein Buchungssatz beschreibt in knapper Form, was auf welchen Konten zu buchen ist. Er nennt zuerst das Konto, auf dem im Soll, dann das Konto, auf dem im Haben, und schließlich den Betrag, der gebucht werden soll. Buchungssätze werden chronologisch geordnet.

Wozu Kontenrahmen und Kontenplan?

Mit Zunahme des Geschäftsumfangs eines Unternehmens kann die Zahl der Konten sehr groß werden. Um die Übersicht zu behalten, ist eine Ordnung der Konten hilfreich, die in einem Kontenrahmen vorgenommen wird.

Der Kontenrahmen stellt eine vollständige Übersicht aller in einer Branche vorkommenden Konten dar. Durch eine Ordnung sämtlicher Konten wird auch ein Beitrag zur Vereinheitlichung der Buchführung geleistet. Es werden Vergleiche mit früheren Jahren (= Zeitvergleich) und mit anderen Unternehmen (= Betriebsvergleich) möglich.

Neben den Branchen-Kontenrahmen haben Softwarefirmen spezielle EDV-Kontenrahmen herausgebracht. So sind z. B. die von der DATEV® herausgegebenen Kontenrahmen auf die Bedürfnisse der EDV-orientierten Buchhaltung zugeschnitten. Sie finden in den Unternehmen Anwendung, die ihre Buchhaltung bei ihrem Steuerberater auf Grundlage des DATEV®-Finanzbuchhaltungsprogramms verarbeiten lassen. Es ist eine Kombination der Anwendung vor Ort und der Verarbeitung der Daten durch das Programm im Rechenzentrum der DATEV®. Besonders bekannt sind die Spezialkontenrahmen SKR03 und SKR04.

Einen einheitlichen Kontenrahmen für alle Unternehmen kann es aufgrund der branchenspezifischen Besonderheiten nicht geben. So ist z. B. ein Konto „Rohstoffe" in einem Einzelhandelsunternehmen nicht sinnvoll, da es nicht mit Rohstoffen handelt und auch selbst keine Produkte herstellt. In einem Industrieunternehmen hingegen, das aus Rohstoffen (und Hilfsstoffen) ein Fertigerzeugnis herstellt, ist ein solches Konto unverzichtbar.

Jede Branche hat einen eigenen Kontenrahmen entwickelt. Es gibt z. B. einen Kontenrahmen für die Industrie und für den Groß- und Einzelhandel.

Kontenplan

Der Kontenrahmen enthält sämtliche für die Branche relevanten Konten. Da in jedem Unternehmen dieser Branche aber spezifische Bedingungen gelten, erstellt jedes Unternehmen aus dem Kontenrahmen einen Kontenplan, der die eigenen speziellen Bedürfnisse berücksichtigt.

Der Kontenplan ist eine Auswahl aus den Konten des Kontenrahmens und kann in jedem Unternehmen anders aussehen.

Der Umgang mit Personenkonten

Wenn wir Waren an einen Kunden verkaufen, haben wir dies u. a. auf dem Konto „Forderungen aus Lieferungen und Leistungen" gebucht. Zusätzlich ist dann die geordnete Ablage der nicht ausgeglichenen Rechnungen in Ordnern erforderlich.

Bei einem größeren Kunden- und Lieferantenkreis ist die Buchung auf Personen-, also Debitoren- oder Kreditorenkonten zweckmäßiger (Debitoren = Kunden, Kreditoren = Lieferanten). Manche Finanzbuchhaltungsprogramme lassen eine direkte Buchung auf „Forderungen" und „Verbindlichkeiten" gar nicht zu; man muss auf Personenkonten buchen.

Einerseits erscheint das Buchen auf Personenkonten zweckmäßiger und einfacher (Überwachung der Zahlungsvorgänge gegenüber jedem einzelnen Kunden und Lieferanten), andererseits brauchen wir am Jahresende für die Bilanz – nach Abstimmung mit den Inventurergebnissen – den Gesamtbetrag an Forderungen und Verbindlichkeiten aus Lieferungen und Leistungen. Beiden Erfordernissen wird durch folgendes Vorgehen Rechnung getragen:

1. Rechnungen sowie die entsprechenden Zahlungen werden nicht auf den Konten „Ford. a. L. u. L." bzw. „Verb. a. L. u. L." gebucht, sondern direkt auf Personenkonten. Diese haben im Gegensatz zu den bisherigen Bestandskonten fünfstellige Kontennummern. Da die Namen der Kunden und Lieferanten in jedem Unternehmen anders sind, sind diese Konten nicht im Kontenrahmen enthalten, sondern müssen im Kontenplan des Unternehmens festgehalten werden. Grundsätzlich ist man bei der Festlegung der Kontennummern frei.
2. Um den Gesamtbetrag an Forderungen und Verbindlichkeiten zu erhalten, wird der jeweilige Betrag vom Kunden- bzw. Lieferantenkonto auf das Konto „Ford. a. L. u. L." bzw. „Verb. a. L. u. L." übertragen.

Auf den Kundenkonten (= Debitorenkonten) wird auf derselben Seite gebucht, auf der man auch auf „Ford. a. L. u. L." gebucht hätte. Auf Lieferantenkonten (= Kreditorenkonten) wird entsprechend auf derselben

Kontenseite gebucht, auf der man auch auf „Verb. a. L. u. L." gebucht hätte.

Buchung auf Personenkonten

Wir kaufen Waren für 15.000 EUR auf Rechnung bei Lieferant Müller ein.

Soll	***Haben***	***Buchungsbetrag***
Rohstoffe	*Müller*	*15.000,00 EUR*

Der Kunde Nolte zahlt durch Banküberweisung eine offene Rechnung über 10.000 EUR.

Soll	***Haben***	***Buchungsbetrag***
Bank	*Nolte*	*10.000,00 EUR*

Da die Personenkonten nicht in unmittelbarem Zusammenhang mit der Bilanz stehen, gehören sie zur Nebenbuchhaltung (s. S. 27). Die Bestandskonten stellen die Hauptbuchhaltung dar. Damit am Jahresende die Konten „Forderungen" und „Verbindlichkeiten" auf dem aktuellen Stand sind, muss eine Übertragung aus der Nebenbuchhaltung (Personenkonten) auf die Hauptbuchhaltung (Forderungen und Verbindlichkeiten) erfolgen. Dies geschieht beim Buchen mit einem Buchhaltungsprogramm automatisch. Bei jeder Buchung auf einem Personenkonto erfolgt synchron eine Übertragung des Buchungsbetrags auf das entsprechende Hauptbuchkonto.

Auf den Punkt gebracht

Personenkonten erleichtern die Überwachung von Zahlungsvorgängen. Für jeden Kunden wird ein Kunden-/Debitoren-, für jeden Lieferanten ein Lieferanten-/Kreditorenkonto geführt. Diese Konten gehören zur Nebenbuchhaltung.

Auf den Personenkonten bucht man jeweils auf der Kontenseite, auf der man auch auf dem zugehörigen Hauptbuchkonto gebucht hätte. Nehmen unsere Forderungen an Kunden zu, buchen wir auf dem Kundenkonto im Soll, nehmen sie ab, im Haben. Nehmen unsere Verbindlichkeiten bei Lieferanten zu, buchen wir auf dem Kreditorenkonto im Haben, nehmen sie ab, dann im Soll.

Spätestens am Jahresende müssen die Beträge aus der Neben- in die Hauptbuchhaltung übertragen werden, damit die Stände auf den Konten „Ford. a. L. u. L." und „Verb. a. L. u. L." aktualisiert werden.

Ergebniskonten als Erfolgsbarometer

Gewinn oder Verlust?

Angenommen, wir haben am Ende des Jahres ein Eigenkapital in Höhe von 300.000 EUR. Am Anfang des Jahres betrug es 350.000 EUR. Da das Eigenkapital am Ende des Jahres um 50.000 EUR kleiner ist als am Anfang, haben wir einen Verlust gemacht.

Diese Information (50.000 EUR Verlust) genügt dem Kaufmann aber nicht. Um begründet Entscheidungen treffen zu können, muss er wissen, wie dieser Verlust entstanden ist.

Die Ursachen für Gewinne oder Verluste kann er aber weder dem Inventar noch der Bilanz und auch nicht den Bestandskonten entnehmen. Es müssen also neue Konten eingeführt werden, die Aussagen über die Quellen des Ergebnisses (Verlust oder Gewinn) ermöglichen.

Konten, die Informationen über die Ursachen eines Ergebnisses enthalten, nennt man Ergebniskonten. Der Input in den Leistungsprozess wird über Aufwandskonten erfasst, der Output über Ertragskonten.

Wichtige Aufwandskonten sind:

- Aufwand für Rohstoffe (Industrie)
- Aufwand für Handelswaren (Handel)
- Löhne und Gehälter
- Abschreibungen

Wichtige Ertragskonten sind:

- Umsatzerlöse für eigene Erzeugnisse
- Umsatzerlöse für Handelswaren

Eine Auflistung der Aufwands- und Ertragskonten findet man im Kontenrahmen. Wir buchen nun während des Jahres auf den Aufwands- und Ertragskonten, sofern Geschäftsfälle den Leistungsprozess des Unternehmens betreffen. Nun ist noch die Frage zu klären, auf welcher Seite auf diesen Konten zu buchen ist.

Auf Aufwands- und Ertragskonten wird auf der Kontenseite gebucht, auf der man auch auf dem passiven Bestandskonto „Eigenkapital" bucht. Dies lässt sich auch daraus erklären, dass Erträge erfolgswirksame Eigenkapitalmehrungen und Aufwendungen erfolgswirksame Eigenkapitalminderungen darstellen. Aufwendungen werden getätigt, um Erträge zu erzielen.

In den folgenden Beispielen beschränken wir uns in der Erklärung auf die Buchung auf den Ergebniskonten. Die Umsatzsteuer bleibt zunächst unberücksichtigt und wird in einem späteren Kapitel (ab Seite 49) besprochen.

Buchungen auf Ergebniskonten

Wir sind ein Handelsunternehmen und verkaufen an den Kunden Hoyer Waren für 5.000 EUR auf Rechnung:

Soll	***Haben***	***Buchungsbetrag***
Hoyer	*Umsatzerlöse*	*5.000,00 EUR*

Die Waren, die wir an Hoyer verkauft haben, haben uns im Einkauf 4.000 EUR gekostet:

Soll	***Haben***	***Buchungsbetrag***
Aufwand für Waren	*Waren*	*4.000,00 EUR*

Der Umsatzerlös ist eine erfolgswirksame Eigenkapitalmehrung. Eigenkapital ist ein passives Bestandskonto mit Anfangsbestand und Zugängen im Haben und Abgängen im

Soll. Auf dem Konto „Eigenkapital" hätten wir den Zugang im Haben gebucht. Aus diesem Grund buchen wir auch auf dem Ertragskonto „Umsatzerlöse" im Haben.

Um diesen Umsatzerlös zu erzielen, mussten wir Waren aus dem Lager entnehmen und hatten damit einen Aufwand. Diese erfolgswirksame Eigenkapitalminderung hätten wir auf dem Konto „Eigenkapital" im Soll gebucht (Minderung des Eigenkapitals = Abgang). Folglich buchen wir auch auf dem Aufwandskonto „Aufwand für Waren" im Soll. Wir mussten u. a. einen Wareneinsatz in Höhe von 4.000 EUR erbringen, um einen Umsatz von 5.000 EUR zu erzielen. Die Habenbuchung auf dem aktiven Bestandskonto „Waren" dokumentiert im Bestandsbereich den Abgang aus dem Lager und aktualisiert damit unseren Warenbestand.

Aus beiden Buchungen kann der Warenrohgewinn ermittelt werden:

Wahrenrohgewinn = Umsatzerlöse – Warenaufwand

In unserem Beispiel: 5.000 EUR – 4.000 EUR = 1.000 EUR.

Dies ist aber noch nicht unser Gewinn, denn wir müssen ja auch noch Löhne und Gehälter sowie Strom usw. zahlen.

Die Bestandsrechnung (aktive und passive Bestandskonten) ist eine fortlaufende, im Prinzip nie endende Rechnung. Die Erfolgsrechnung hingegen ist eine Jahresrechnung. Es soll ermittelt werden, wie hoch Gewinn und Verlust in diesem Jahr waren und welche Ursachen das Ergebnis in diesem Jahr hatte. Aus diesem Grund müssen die Aufwands- und Ertragskonten am Ende des Jahres auf „null" gestellt werden, damit die Ergebnisrechnung im kommenden Jahr neu beginnen kann. Diese „Nullstellung" erreicht man über Abschlussbuchungssätze.

Ergebniskonten im Jahr 20XX

Nehmen wir an, im Jahr 20XX wären folgende Buchungen auf den Ergebniskonten vorgenommen worden:

Aufwand für Waren		***Umsatzerlöse***	
Soll	***Haben***	***Soll***	***Haben***
8.000 EUR *16.000 EUR* *26.000 EUR*			*10.000 EUR* *20.000 EUR* *30.000 EUR*

Gehälter		***Aufwand für Energie***	
Soll	***Haben***	***Soll***	***Haben***
15.000 EUR *15.000 EUR* *10.000 EUR*		*5.000 EUR* *5.000 EUR* *5.000 EUR* *5.000 EUR*	

Wie bekommen wir die Konten am Jahresende auf „null", damit die Erfolgsrechnung im Jahr 20YY neu beginnen kann?

- Um das Konto „Aufwand für Waren" auf null zu bekommen, müssen wir im Haben 50.000 EUR buchen.
- Um das Konto „Gehälter" auf null zu bekommen, müssen wir im Haben 40.000 EUR buchen.
- Um das Konto „Aufwand für Energie" auf null zu bekommen, müssen wir 20.000 EUR im Haben buchen.

- Um das Konto „Umsatzerlöse" auf null zu bekommen, müssen wir im Soll 60.000 EUR buchen.

Wir wissen nun aber, dass ein Buchungssatz immer mindestens eine Soll- und eine Habenbuchung umfasst. Wir benötigen folglich jeweils noch ein Konto. Dieses Konto ist das Ergebnissammelkonto mit dem Namen „Gewinn- und Verlustkonto" (kurz: GuV).

Buchungssätze am Jahresende

Für unser einfaches Beispiel lauten die Buchungssätze am Jahresende:

Soll	***Haben***	***Buchungsbetrag***
GuV	*Aufwand für Waren*	*50.000 EUR*
GuV	*Gehälter*	*40.000 EUR*
GuV	*Aufwand für Energie*	*20.000 EUR*
Umsatzerlöse	*GuV*	*60.000 EUR*

Das GuV-Konto hat durch diese Buchungen folgendes Aussehen:

Gewinn- und Verlustkonto			
Soll			***Haben***
Aufwand für Waren	*50.000*	*Umsatzerlöse*	*60.000*
Gehälter	*40.000*		
Aufwand für Energie	*20.000*		

Auf dem GuV-Konto sehen wir, dass den Umsatzerlösen in Höhe von 60.000 EUR insgesamt Aufwendungen in Höhe von 110.000 EUR gegenüberstehen. Da wir mehr Aufwendungen als Erträge hatten, haben wir einen Verlust erzielt. Dieser beträgt: 110.000 EUR – 60.000 EUR = 50.000 EUR.

Sind die Erträge größer als die Aufwendungen, haben wir einen Gewinn erzielt. Sind die Aufwendungen größer als die Erträge, haben wir einen Verlust erzielt.

Wenn wir den Beginn dieses Kapitels einbeziehen, können wir feststellen, dass die Gewinnermittlung auf zwei Wegen erfolgen kann:

- Betriebsvermögensvergleich:

	Eigenkapital am Jahresende
–	Eigenkapital am Jahresanfang
=	Gewinn oder Verlust

- Gewinn-und-Verlust-Rechnung

	Erträge im Jahr
–	Aufwendungen im Jahr
=	Gewinn oder Verlust

Wegen der doppelten Möglichkeit der Ergebnisermittlung spricht man auch von „doppelter Buchführung.

Für die Ermittlung der Höhe des Gewinns oder Verlusts würde der Eigenkapitalvergleich ausreichen. Die Gewinn-

und-Verlust-Rechnung benötigen wir aber, um eine Aussage über die Ursachen des Ergebnisses zu treffen. Insbesondere im Vergleich mit den Vorjahren und den Gewinn-und-Verlust-Rechnungen anderer Unternehmen der gleichen Branche lassen sich Erklärungen für den Unternehmenserfolg ableiten.

Für unser vereinfachtes Beispiel könnte sich z. B. ergeben:

- Der Aufwand für Energie war im Jahr davor niedriger. Hier wäre zu prüfen, welche Maßnahmen zur Energieeinsparung getroffen werden können und ob ein Wechsel des Stromanbieters zu Einsparungen führen würde.
- Im Vergleich zu anderen Unternehmen unserer Branche sind unser Personalkosten hoch. Hier wären Einsparungen (z. B. Reduzierung des Personalbestands; Outsourcing bestimmter Funktionen) zu prüfen.
- Im Vergleich zum Vorjahr hat sich das Verhältnis zwischen Warenaufwand und Umsatzerlösen verschlechtert. Hier wäre zu prüfen, ob sich durch Verhandlungen mit unseren Lieferanten günstigere Einkaufspreise aushandeln oder ggf. entsprechende Mengenrabatte nutzen lassen. Es kann auch über einen Wechsel der Lieferanten nachgedacht werden. Außerdem könnte geprüft werden, ob sich die Umsatzerlöse durch Anhebung der Verkaufspreise am Markt durchsetzen lassen.

Gewinnverteilung

Auf die Gewinnermittlung folgt die Gewinnverteilung. Die Art und Weise, wie der Gewinn verteilt wird, hängt von der Unternehmensform ab:

- Bei einem Einzelunternehmen kann der Gewinn, der sich im GuV-Konto ergibt, auf das Eigenkapitalkonto gebucht werden.
- Bei einer Kommanditgesellschaft werden für Komplementäre (Vollhafter) und Kommanditisten (Teilhafter) getrennt Eigenkapitalkonten geführt.
- Der Gewinnanteil des Teilhafters darf dem (festen) Eigenkapitalkonto nicht zugeschrieben werden. Er stellt bis zur Ausschüttung des Gewinns eine Verbindlichkeit gegenüber dem Teilhafter dar und wird solange auf einem entsprechenden Verbindlichkeitskonto erfasst. Soll der Gewinnanteil dem Unternehmen weiter zu Verfügung stehen, wird auf einem Konto „Gesellschafter-Darlehen" gebucht.
- Für jeden Vollhafter wird ein eigenes Eigenkapitalkonto geführt. Häufig werden für diese sogar ein festes Kapitalkonto (für den Geschäftsanteil) und ein variables für die „Bewegungen" (u. a. Privatentnahmen, Gewinnanteil, Vorwegvergütungen) geführt. Vorschriften finden sich u. a. in § 264c HGB.
- Für Kapitalgesellschaften (AG und GmbH) gelten umfangreiche Vorschriften. Die Gesellschafterversammlung entscheidet über die Bereitstellung des Gewinns zur Ausschüttung an die Gesellschafter und die Aufstockung der Gewinnrücklagen.

Auf den Punkt gebracht

Die Erfolgsrechnung stellt eine Jahresrechnung dar. Das Jahresergebnis kann durch Eigenkapitalvergleich oder die Gewinn-und-Verlust-Rechnung ermittelt werden. Man spricht daher auch von „doppelter Buchführung".

Mithilfe von Ergebniskonten (Ertrags- und Aufwandskonten) können die Ursachen des Ergebnisses (Gewinn oder Verlust) festgestellt werden. Es wird auf der Kontenseite gebucht, auf der man auch auf dem passiven Bestandskonto „Eigenkapital" gebucht hätte. Auf Ertragskonten bucht man folglich meist im Haben, auf Aufwandskonten im Soll.

Am Jahresende werden Aufwands- und Ertragskonten auf dem Gewinn- und Verlustkonto zusammengefasst. Hier stehen die Aufwandskonten auf der Soll- und die Ertragskonten auf der Haben-Seite.

Fit für den Geschäftsalltag

Buchungen bei Verkauf mit Umsatzsteuer

Nach dem Umsatzsteuergesetz unterliegen u. a. Lieferungen und Leistungen, die ein Unternehmer im Rahmen seines Unternehmens im Inland gegen Geld ausführt, der Umsatzsteuer.

Die Umsatzsteuer wird vom Nettopreis berechnet und ist vom Unternehmer an das Finanzamt abzuführen. Der Regelsteuersatz beträgt 19 % vom Umsatz. Die in § 12 des Umsatzsteuergesetzes aufgelisteten Umsätze unterliegen einem ermäßigten Steuersatz von 7 %. Dazu zählen z. B. Zeitschriften, Bücher, der öffentliche Nahverkehr und Lebensmittel. Bei Letzteren ist aber zu beachten, dass die Abgabe von Speisen und Getränken zum Verzehr an Ort und Stelle (Restaurantumsätze) mit 19 % zu versteuern sind. Auch bei Getränken muss genauer geprüft werden. So wird z. B. Milch mit 7 %, Bier aber mit 19 % besteuert: Kürzlich hat der Bundesfinanzhof (BFH) entschieden, dass der Regelsteuersatz (zurzeit 19 %) gilt, wenn bei der Lieferung von Speisen durch Caterer, Menü-Bringdienste oder „Essen auf Rädern" die damit verbundene Dienstleistung (Lieferung, Stellen des Geschirrs) im Vordergrund steht.

Im Folgenden gehen wir von dem im Handel und in der Industrie üblichen Steuersatz von 19 % aus.

> Der Unternehmer muss dem Kunden die Umsatzsteuer in Rechnung stellen und sie bis zum 10. des Folgemonats ans Finanzamt abführen. **!**

Auf Ausnahmen von dieser Frist und die Verrechnung mit der Vorsteuer gehen wir im nächsten Kapitel ein.

Für unsere Buchführung bedeutet dies: Wenn wir am 15. Oktober 20XX an einen Kunden Waren verkaufen, müssen wir die dafür in Rechnung gestellte Umsatzsteuer bis zum 10. November 20XX (ohne Berücksichtigung einer eventuellen Schonfrist von drei Tagen) ans Finanzamt abführen. Wir haben also vom 15. Oktober bis zum 10. November Verbindlichkeiten gegenüber dem Finanzamt. Deshalb ist die Umsatzsteuer auf einem passiven Bestandskonto zu buchen. Das Konto „Verb. a. L. u. L." ist für Verbindlichkeiten gegenüber Lieferanten reserviert. Wir benötigen folglich ein anderes Konto. Der Kontenrahmen sieht das Konto „Umsatzsteuer" vor. Der Aufbau des Kontos entspricht dem allgemeinen Aufbau passiver Bestandskonten (Anfangsbestand und Zugänge im Haben, Abgänge im Soll; vgl. Seite 30).

Buchung der Umsatzsteuer

Verkaufen wir an einen Kunden am 15. Oktober 20XX Waren (Fertigerzeugnisse) für 1.000 EUR + 19 % Umsatzsteuer, lautet die Buchung am 15. Oktober:

Konten		***Buchungsbetrag in EUR***	
Soll	***Haben***	***Soll***	***Haben***
Kunde		*1.190,00*	
	Umsatzerlöse		*1.000,00*
	Umsatzsteuer		*190,00*

Tätigt ein Unternehmen sowohl Umsätze mit 19 % als auch mit 7 %, müssten zwei Umsatzsteuerkonten geführt werden.

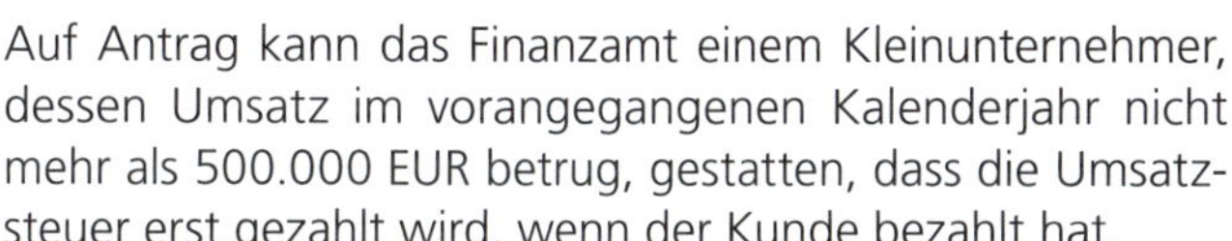

Auf Antrag kann das Finanzamt einem Kleinunternehmer, dessen Umsatz im vorangegangenen Kalenderjahr nicht mehr als 500.000 EUR betrug, gestatten, dass die Umsatzsteuer erst gezahlt wird, wenn der Kunde bezahlt hat.

Auf den Punkt gebracht

Lieferungen und Leistungen eines Unternehmens im Inland unterliegen der Umsatzsteuer, die in der Regel 19 % beträgt und zum 10. des Folgemonats an das Finanzamt abgeführt werden muss. Sie wird vom Nettopreis berechnet. Die Verbindlichkeiten gegenüber dem Finanzamt werden vorübergehend auf dem passiven Bestandskonto „Umsatzsteuer" erfasst.

Buchungen bei Einkauf mit Vorsteuer

Die Waren, die wir an den Kunden verkauft haben, mussten zuvor eingekauft werden. In Industrieunternehmen müssen Roh- (Hauptbestandteil des späteren Produkts) und Hilfsstoffe (Nebenbestandteile des späteren Produkts) eingekauft werden, um dann im Rahmen des Produktionsprozesses daraus Fertigerzeugnisse herzustellen.

Für die Buchung des Einkaufs sind zunächst folgende Überlegungen anzustellen:

- Kommt die eingekaufte Ware oder das Material (z. B. Rohstoffe) zunächst in unser Lager, dann muss die Erfassung des Einkaufs auf einem aktiven Bestandskonto (z. B. „Rohstoffe" oder „Waren") erfolgen. Werden die Waren (Handel) bzw. die Rohstoffe (Industrie) dann später dem Lager entnommen, sind der Abgang aus dem Lager und der Verbrauch zu buchen. Soll: Aufwand für Waren bzw. Rohstoffe; Haben: Waren bzw. Rohstoffe.
- Wird das Material so angeliefert, dass es sofort in die Produktion geht (= „just in time"), sollte keine Erfassung auf einem Bestandskonto (als Lagerzugang) erfolgen. In diesem Fall ist auf einem Aufwandskonto (z. B. „Aufwand für Rohstoffe") zu buchen. Dem Aufwand durch den Verbrauch stehen dann später die Erträge in Form der Umsatzerlöse gegenüber.

Eine weitere Überlegung betrifft die umsatzsteuerliche Seite: Nach § 15 UStG darf der Unternehmer die in Rechnungen gesondert ausgewiesene Steuer für Lieferungen oder sonstige Leistungen, die von anderen Unternehmen für sein Unternehmen ausgeführt wurden, als Vorsteuer abziehen. Dies bedeutet, dass er die ihm beim Einkauf in Rechnung gestellte Umsatzsteuer wieder vom Finanzamt zurückerhält. Ein Beispiel: Wenn ein Unternehmer Waren für sein Unternehmen einkauft, kommt die an den Lieferanten zu zahlende Umsatzsteuer vom Finanzamt als Vorsteuer am 10. des Folgemonats wieder zurück. Buchhalterisch bedeutet dies, dass ich ab dem Einkauf (z. B. am 5. Oktober 20XX) bis zum 10. November 20XX eine Forderung ans Finanzamt habe.

Aktuelle Highlights aus dem großen Programm.

2. Auflage

Social Media

128 Seiten, € 7,90
ISBN 978-3-406-71954-7
beck-shop.de/bwxfci

Jeder muss seine Homepage und seinen Social Media-Auftritt rechtssicher gestalten. Der Ratgeber zeigt die besten Tipps der Profis. So stellt das Werk die rechtlichen Fallstricke rund um Informationspflichten und Pflichtangaben im Impressum dar und erläutert die Haftung für Links.

4. Auflage

Die Patientenverfügung

128 Seiten, € 7,90
ISBN 978-3-406-71712-3
beck-shop.de/bvlehm

Haben Sie für den Notfall richtig vorgesorgt? Wenn Sie jetzt gerade ein schlechtes Gewissen haben, dann packen Sie die Gelegenheit beim Schopfe. Dieses Buch wird Ihnen dabei helfen, die für Sie richtige Patientenverfügung zu schreiben. Viele Praxishinweise und Beispiele helfen bei Ihren Entscheidungen und ein erfahrener Mediziner steuert konkrete Tipps aus Sicht des Arztes bei.

Beck kompakt

Einfach Bescheid wissen!

3. Auflage

Schwerbehindert

128 Seiten, € 7,90
ISBN 978-3-406-71921-9
beck-shop.de/bwwgdl

Der erfahrene Autor ist Rechtsanwalt und erläutert anhand vieler Beispielsfälle alles Wissenswerte zum Thema »Schwerbehinderung«. Er stellt die »Nachteilsausgleiche« und Fördermittel dar, die Betroffene beanspruchen können, und benennt wichtige Anlaufstellen und Ansprechpartner.

NEU

Patientenrechte

128 Seiten, € 7,90
ISBN 978-3-406-70018-7
beck-shop.de/bvvbbv

Wer zum Arzt geht, sollte seine Rechte kennen! So liefert der Autor quasi einen »Beipackzettel« für den Besuch in der Arztpraxis oder im Krankenhaus. Von der korrekten Beratung und Aufklärung bis hin zu erster Hilfe bei Behandlungsfehlern bietet der Ratgeber alles, was mündige Patienten wissen und beachten müssen.

Aktuelle Highlights aus dem großen Programm.

4. Auflage

Business-Knigge

128 Seiten, € 7,90
ISBN 978-3-406-71535-8
beck-shop.de/btpiic

Im Arbeitsalltag lauern viele Kniggefallen: Ob Berufseinsteiger oder Manager – Stunde für Stunde widmet sich dieses Buch typischen Situationen im Büro, in Meetings, bei Veranstaltungen oder auf Reisen. Mehr als 100 Tipps helfen, die eigenen Manieren zu überprüfen und heikle Situationen sicher zu bestehen.

Bestseller

Crashkurs Networking

128 Seiten, € 6,90
ISBN 978-3-406-70098-9
beck-shop.de/bkouii

Professionelles Networking ist eine lohnende Investition! Sie erleichtert das Leben, denn gemeinsam kommen wir alle besser voran – beruflich wie privat. Die praxiserprobten Tipps dieses Ratgebers helfen Ihnen dabei, effizient zu netzwerken. Zudem profitieren Sie von den Erfahrungen prominenter Netzwerker, die zu Wort kommen.

Das komplette Programm von A – Z:

Abmahnung und Kündigung	ISBN	978-3-406-60266-5
Abofallen im Internet	ISBN	978-3-406-65644-6
Alleinerziehend – Meine Rechte	ISBN	978-3-406-62590-9
Angstfrei arbeiten	ISBN	978-3-406-60843-8
Arbeits(t)räume **NEU**	ISBN	978-3-406-71885-4
Arbeitslos – was jetzt?	ISBN	978-3-406-59355-0
Basiswissen Steuerrecht	ISBN	978-3-406-71472-6
Behandlungsfehler – was tun?	ISBN	978-3-406-71470-2
Betreuungsfall – was nun?	ISBN	978-3-406-60020-5
Betriebliche Kennzahlen	ISBN	978-3-406-66822-7
Betriebswirtschaftliche Formelsammlung	ISBN	978-3-406-60283-2
Bewerbungs-Check	ISBN	978-3-406-59356-7
BGB Crashkurs **5. AUFLAGE**	ISBN	978-3-406-72251-6
Bilanzen lesen und verstehen **Bestseller**	ISBN	978-3-406-69224-6
BiLMoG und MicroBiLG	ISBN	978-3-406-64829-8
Burn-out	ISBN	978-3-406-60846-9
Business-English	ISBN	978-3-406-60265-8
Business-Knigge **4. AUFLAGE**	ISBN	978-3-406-71535-8
BWL Basiswissen **Bestseller**	ISBN	978-3-406-69015-0
Change!	ISBN	978-3-406-58557-9
Controlling Basiswissen	ISBN	978-3-406-68974-1
Crashkurs Networking **Bestseller**	ISBN	978-3-406-70098-9
Crashkurs PR **2. AUFLAGE**	ISBN	978-3-406-65978-2
Das Arbeitszeugnis **2. AUFLAGE**	ISBN	978-3-406-68125-7
Das kann ich!	ISBN	978-3-406-64086-5
Das perfekte Verkaufsgespräch	ISBN	978-3-406-70101-6
Das Prinzip Achtsamkeit	ISBN	978-3-406-67419-8

Das komplette Programm von A – Z:

Titel	ISBN
Das Vorstellungsgespräch	ISBN 978-3-406-60261-0
Depression	ISBN 978-3-406-64823-6
Der Aufsichtsrat **2. AUFLAGE**	ISBN 978-3-406-71533-4
Der Businessplan	ISBN 978-3-406-68479-1
Der neue Bußgeldkatalog **3. AUFLAGE**	ISBN 978-3-406-68778-5
Der Pflichtteil: Die Rechte der Enterbten	ISBN 978-3-406-64688-1
Der Schreibcoach	ISBN 978-3-406-62585-5
Design-Thinking **NEU**	ISBN 978-3-406-72060-4
Die besten Entspannungstechniken	ISBN 978-3-406-62587-9
Die besten Steuertipps für den Ruhestand	ISBN 978-3-406-67358-0
Die ersten 100 Tage im neuen Job	ISBN 978-3-406-64825-0
Die Immobilie bei Trennung und Scheidung	ISBN 978-3-406-67961-2
Die E-Bilanz	ISBN 978-3-406-63413-0
Die neue Mitarbeiterführung	ISBN 978-3-406-67415-0
Die neue Pflegeversicherung **3. AUFLAGE**	ISBN 978-3-406-67873-8
Die Patientenverfügung **Bestseller**	ISBN 978-3-406-71712-3
Die 115 wichtigsten Finanzkennzahlen	ISBN 978-3-406-60842-1
Eine Minute für Ihr Glück	ISBN 978-3-406-66820-3
Elternunterhalt **3. AUFLAGE**	ISBN 978-3-406-71522-8
Erbschaftsteuer sparen **2. AUFLAGE**	ISBN 978-3-406-70839-8
Erfolg beginnt im Kopf	ISBN 978-3-406-60262-7
Erfolgreich durch die Krise	ISBN 978-3-406-66818-0
Erfolgsrhetorik	ISBN 978-3-406-57178-7
Erste Hilfe im Erbrecht	ISBN 978-3-406-67651-2
Executive Summary **NEU**	ISBN 978-3-406-71563-1
Faktor Mensch	ISBN 978-3-406-70180-1
Feng Shui im Büro	ISBN 978-3-406-61778-2

Das komplette Programm von A – Z:

Mentale Stärke	ISBN 978-3-406-70834-3
Mietnebenkosten-Abrechnung **4. AUFLAGE**	ISBN 978-3-406-71627-0
Mitarbeitergespräche	ISBN 978-3-406-61776-8
Mit Gelassenheit zum Erfolg **Bestseller**	ISBN 978-3-406-66228-7
Mit Leichtigkeit zum Ziel	ISBN 978-3-406-66226-3
Mit Stimme zum Erfolg	ISBN 978-3-406-69019-8
Mobbing	ISBN 978-3-406-59291-1
MPU – Was man wissen muss **2. AUFLAGE**	ISBN 978-3-406-67780-9
Nachbarrecht	ISBN 978-3-406-64684-3
Networking mit Xing, Facebook & Co. **Bestseller**	ISBN 978-3-406-62809-2
Patientenrechte **NEU**	ISBN 978-3-406-70018-7
Personalführung **Bestseller**	ISBN 978-3-406-66212-6
Produktmanagement	ISBN 978-3-406-58559-3
Professionelles Projektmanagement	ISBN 978-3-406-61988-5
Projektmanagement	ISBN 978-3-406-63358-4
Protokollführung	ISBN 978-3-406-68514-9
Psychologie für Führungskräfte **Bestseller**	ISBN 978-3-406-69234-5
Rechnen wie ein Finanzprofi	ISBN 978-3-406-70182-5
Reden aus dem Stand **Bestseller**	ISBN 978-3-406-67421-1
Reiserecht	ISBN 978-3-406-61767-6
Richtig vererben unter Ehegatten **2. AUFLAGE**	ISBN 978-3-406-70096-5
Richtig vermieten – beruhigt schlafen **Bestseller**	ISBN 978-3-406-68374-9
Schenkung von Immobilien **2. AUFLAGE**	ISBN 978-3-406-70837-4
Schlagfertigkeit	ISBN 978-3-406-57174-9
Schneller Lesen	ISBN 978-3-406-59362-8
Schneller Sprachen lernen	ISBN 978-3-406-61780-5
Schnellkurs Buchführung **2. AUFLAGE**	ISBN 978-3-406-72283-7

Beste Gründe für Beck kompakt:

- Geprüfte Qualität
- Bewährte Autoren
- Schnelle Antworten
- Handliches Format
- Günstiger Preis
- Viele als eBook erhältlich

Beck kompakt erhalten Sie in jeder gut sortierten Buchhandlung sowie portofrei im Internet unter beck-shop.de/go/beck-kompakt

WM-Nr.: 168681 Stand: 05. Februar 2018

Verlag C.H.BECK oHG, Wilhelmstraße 9, 80801 München, AG München HRA 48045
Telefon (089) 3 81 89-750 · Fax (089) 3 81 89-402 · Internet: www.beck.de

Folglich ist eine Buchung am 5. Oktober auf einem aktiven Bestandskonto vorzunehmen.

Da das Konto „Ford. a. L. u. L." für Forderungen an Kunden reserviert ist, benötigt man ein anderes Konto. Der Kontenrahmen sieht dafür das aktive Bestandsskonto „Vorsteuer" vor. Für dieses Konto gelten die gleichen Buchungsregeln wie für alle aktiven Bestandskonten: Anfangsbestand und Zugänge im Soll, Abgänge im Haben (vgl. Seite 29). Da am 5. Oktober unsere Forderung ans Finanzamt entsteht (Zunahme), ist auf dem Konto „Vorsteuer" im Soll zu buchen.

Buchung des Einkaufs

Nehmen wir an, wir sind ein Handelsunternehmen und haben die am 15. Oktober verkauften Waren am 5. Oktober 20XX für 600 EUR + 19 % Umsatzsteuer eingekauft. Unsere Buchung am 5.Oktober lautet:

Konten		**Buchungsbetrag in EUR**	
Soll	**Haben**	**Soll**	**Haben**
Waren		*600,00*	
Vorsteuer		*114,00*	
	Lieferant		*714,00*

Oder:

Konten		**Buchungsbetrag in EUR**	
Soll	**Haben**	**Soll**	**Haben**
Aufwand für Waren		*600,00*	
Vorsteuer		*114,00*	
	Lieferant		*714,00*

Wie erhält man Vorsteuer zurück?

Allerdings ist die Erstattung der Vorsteuer bzw. der Vorsteuerabzug daran geknüpft, dass die erhaltene Rechnung bestimmte Angaben enthält. Diese sind in § 14 UStG festgelegt. Die Wichtigsten sind:

- vollständiger Name und vollständige Anschrift des leistenden Unternehmers
- vollständiger Name und vollständige Anschrift des Leistungsempfängers
- Steuer- oder USt-Identifikationsnummer (USt-IDNr. siehe auch Seite 61) des leistenden Unternehmers
- Ausstellungsdatum der Rechnung
- Fortlaufende Rechnungsnummer
- Zeitpunkt der Lieferung/Leistung oder Vereinnahmung des Entgelts
- genaue Bezeichnung der Lieferung/Leistung
- nach Steuersätzen aufgeschlüsseltes Nettoentgelt
- anzuwendender Steuersatz und der Steuerbetrag, der auf das Entgelt entfällt
- im Voraus vereinbarte Entgeltsminderung (z. B. Skonto)

Nach § 31 Abs. 4 der Umsatzsteuer-Durchführungsverordnung kann als Zeitpunkt der Leistung der Kalendermonat angegeben werden, in dem die Leistung ausgeführt wird („Die Lieferung erfolgte im Monat Oktober 20XX").

Bei Lieferungen innerhalb der EU sind weitere Angaben erforderlich. Hier sind nach § 14a UStG zwingend die USt-IDNr.

sowohl des Lieferanten als auch des Empfängers aufzuführen. Bei steuerfreien Lieferungen/Leistungen soll ein Hinweis auf den Steuerbefreiungsgrund erfolgen.

Enthält eine Rechnung nicht alle Pflichtangaben, entfällt die Vorsteuerabzugsberechtigung.

> Ein Unternehmer sollte eine Rechnung erst dann begleichen, wenn sie alle erforderlichen Angaben enthält. Sonst entfällt die Vorsteuerabzugsberechtigung.

Der Rechnungssteller kann wählen, ob er seine Steuernummer oder die USt-IDNr. angibt. Bei Angabe der Steuernummer besteht allerdings grundsätzlich Missbrauchsgefahr (über Steuernummer an vertrauliche Informationen gelangen).

Die USt-IDNr. kann jeder Unternehmer formlos beim Bundesamt für Finanzen beantragen: www.bff-online.de.

Bei Kleinbetragsrechnungen bis 250 EUR brutto sind gesondert aufzuführen (§ 33 USt-Durchführungsverordnung):

- vollständiger Name und vollständige Anschrift des leistenden Unternehmers
- Ausstellungsdatum
- Menge und Art des gelieferten Gegenstands bzw. Art und Umfang der Leistung
- Entgelt und der darauf entfallende Steuerbetrag als Summe
- anzuwendender Steuersatz

- Hinweis, dass eine Steuerbefreiung für diesen Umsatz gilt (sofern Steuerbefreiung vorliegt)

Elektronisch erstellte und übermittelte Rechnungen sind nach § 14 Abs. 3 UStG zulässig, allerdings ist eine elektronische Signatur erforderlich. Eine digitale Archivierung wird verlangt.

Der Unternehmer muss alle Rechnungen, die er erhalten hat, und ein Doppel der von ihm erstellten Rechnungen zehn Jahre lang aufbewahren, was sich aus § 14b UStG ergibt. Die Aufbewahrungspflicht beginnt mit dem Ende des Kalenderjahres der Ausstellung.

Auf den Punkt gebracht

Ein Unternehmen darf die ihm vom Lieferanten in Rechnung gestellte Umsatzsteuer als Vorsteuer vom Finanzamt zurückverlangen. Diese Forderung an das Finanzamt wird auf dem aktiven Bestandskonto „Vorsteuer" erfasst. Die Erstattung erfolgt jedoch nur dann, wenn die Rechnung bestimmte Angaben enthält.

Zahllast und Umsatzsteuervoranmeldung

In unserem Beispiel müssten wir am 10. November 190 EUR Umsatzsteuer an das Finanzamt und das Finanzamt wiederum 114 EUR an uns überweisen (siehe S. 53). Dieses Vorgehen ist recht umständlich. Wesentlich einfacher ist es, von unserer Umsatzsteuerschuld unsere Vorsteuerforderung abzuziehen (= Vorsteuerabzug statt Vorsteuererstattung) und nur den Restbetrag an das Finanzamt zu überweisen. Diese Differenz zwischen Umsatzsteuer und Vorsteuer, die noch an das Finanzamt abzuführen ist, nennen wir „Zahllast". Ist die Vorsteuer größer als die Umsatzsteuer (weil wir mehr eingekauft als verkauft haben) spricht man nicht von „Zahllast", sondern von einem „Vorsteuerüberhang".

Ermittlung der Zahllast

In unserem Beispiel berechnen wir Folgendes:

	Umsatzsteuer (vgl. S. 50)	*190,00*
–	*Vorsteuer*	*114,00*
=	*Zahllast*	*76,00*

Mehrwert- oder Umsatzsteuer – was ist richtig?

Wir haben die Waren netto (ohne Steuer) für 600 EUR eingekauft und für netto 1.000 EUR verkauft. Die Ware hat demnach einen um 400 EUR höheren Wert. Diese 400 EUR bezeichnet man auch als Mehrwert. 19 % von 400 EUR sind 76 EUR. Das entspricht der ermittelten Zahllast. Im Endeffekt (wir müssen 76 EUR Zahllast ans Finanzamt überweisen) wird nur der Mehrwert (400 EUR) besteuert. Aus diesem Grund spricht man auch von Mehrwertsteuer. Der Begriff „Umsatzsteuer" hingegen macht deutlich, dass die Berechnungsgrundlage für die Umsatzsteuer, die in Rechnungen ausgewiesen wird, nicht der Mehrwert, sondern der Umsatz ist.

Nun sieht es auf den ersten Blick so aus, als hätten wir durch die zu überweisende Zahllast einen Aufwand in Höhe von 76 EUR. Ein anderes Bild ergibt sich, wenn wir die eingehenden und ausgehenden Steuerbeträge aus Sicht unseres Unternehmens beleuchten:

Ein- und ausgehende Steuerbeträge

Ausgehende Steuerbeträge		***Eingehende Steuerbeträge***	
an Lieferanten	*114,00*	*vom Kunden*	*190,00*
an Finanzamt (Zahllast)	*76,00*		
Summe	***190,00***	***Summe***	***190,00***

Die Aufstellung zeigt, dass für uns kein Aufwand entsteht. Man sagt deshalb auch, dass die Umsatzsteuer für Unternehmen einen durchlaufenden Posten darstellt.

Die Umsatzsteuer wird vom Endverbraucher getragen. Ist in obigem Beispiel der Kunde Endverbraucher, dann zahlt er für die Ware 1.190 EUR und damit 190 EUR Umsatzsteuer. Man sagt deshalb auch, dass die Umsatzsteuer ihrem Charakter nach eine Verbrauchssteuer ist.

Die Umsatzsteuer ist für Unternehmen lediglich ein durchlaufender Posten und kein Aufwand.

Umsatzsteuervoranmeldung

Die Zahllast berechnet der Unternehmer selbst und trägt sie in die Umsatzsteuervoranmeldung ein. „Voranmeldung" bedeutet, dass der Unternehmer einen Vordruck des Finanzamts ausfüllen muss, in den er seine Umsätze sowie die darauf entfallende Umsatzsteuer und die abzuziehende Vorsteuer einträgt. Anschließend berechnet er die Zahllast. Die Häufigkeit, mit der ein Unternehmer die Umsatzsteuervoranmeldung abgeben muss, hängt von der Höhe der Zahllast des Vorjahres ab.

Zahllast des Vorjahres (in EUR)	Umsatzsteuervoranmeldung
bis einschließlich 1.000,00	Befreiung von der Pflicht zur Abgabe einer Umsatzsteuervoranmeldung durch das Finanzamt möglich
1.000,00 bis 7.500,00	Einmal pro Quartal (z. B. Abgabe am 10. April für Januar bis März)
Über 7.500,00	Einmal pro Kalendermonat (Abgabe am 10. des Folgemonats, z. B. am 10. November für den Oktober)
Keine, da Existenzgründer	Im Jahr der Gründung und im folgenden Jahr monatlich, unabhängig von der Höhe der Zahllast

Unternehmer, die die monatliche Voranmeldung abgeben, können eine sogenannte „Dauerfristverlängerung" beantragen. Die Frist zur Abgabe und Zahlung verschiebt sich dann jeweils um einen Monat nach hinten.

Die Umsatzsteuervoranmeldung ist auf elektronischem Weg (§ 18 UStG) zu übermitteln. Eine entsprechende Software stellt die Finanzverwaltung zum Download im Internet (www.elster.de) zur Verfügung.

Man spricht übrigens von „Voranmeldung", da sich die tatsächliche Steuerschuld nachträglich noch ändern kann, beispielsweise wenn der Kunde im November eine Rechnung aus dem Oktober unter Abzug von Skonto zahlt (siehe Seite 64).

Mit Abschluss des Geschäftsjahres ist dann (zusätzlich) eine Umsatzsteuererklärung abzugeben.

Für Kleinunternehmer und Existenzgründer gilt es, Besonderheiten zu beachten: Waren die Umsätze im vorausgehenden Jahr einschließlich Umsatzsteuer nicht höher als 17.500 EUR und werden sie im laufenden Jahr 50.000 EUR voraussichtlich nicht überschreiten, wird keine Umsatzsteuer erhoben. Für Existenzgründer gilt im ersten Jahr die 17.500-EUR-Grenze.

Diese sogenannte „Kleinunternehmerregelung" bedeutet, dass der Unternehmer in Rechnungen keine Umsatzsteuer ausweisen muss und darf. Umgekehrt bedeutet dies aber auch, dass er nicht zum Vorsteuerabzug berechtigt ist. Auf die Kleinunternehmerregelung kann aber auch verzichtet werden. Dann unterliegt man der Regelbesteuerung. An diese Option (Regelbesteuerung statt Kleinunternehmerregelung) ist man dann aber fünf Jahre lang gebunden.

Auf den Punkt gebracht

Die Umsatzsteuerschuld wird von der Vorsteuerforderung eines Unternehmens abgezogen. Das Ergebnis ist die Zahllast, die letztendlich an das Finanzamt überwiesen werden muss. Umsatzerlöse und die darauf entfallende Umsatzsteuer sowie Vorsteuer und Zahllast werden dem Finanzamt elektronisch in Form der Umsatzsteuervoranmeldung übermittelt.

Ein- und Verkauf im Außenhandel

Werden Warengeschäfte mit Unternehmen aus anderen Ländern getätigt, gilt es, spezifische Regelungen zu beachten. Diese Regelungen sind recht komplex und könnten ein eigenes Buch füllen. Die folgende Übersicht soll lediglich Grundzüge darstellen. Sie kann aber nicht die Notwendigkeit einer intensiveren Beschäftigung in Einzelfällen ersetzen. So finden sich z. B. für Fahrzeuge spezielle Regelungen.

Alle zum Vorsteuerabzug berechtigten Unternehmer, die am innergemeinschaftlichen Handel teilnehmen und regelmäßig USt-Erklärungen abzugeben haben, erhalten neben ihrer Steuernummer, unter der sie beim Finanzamt geführt werden, auf Antrag eine Umsatzsteuer-Identifikationsnummer (USt-IDNr.). In Deutschland besteht die USt-IDNr. aus dem Ländercode „DE" und neun Ziffern.

Rechnungen an die Kunden (Ausgangsrechnungen) aufgrund von Lieferungen innerhalb der EU müssen die eigene und die Identifikationsnummer des Kunden ausweisen. Durch ein zentral geführtes Kontrollsystem sind die Steuerverwaltungen der Mitgliedsländer miteinander verbunden. Sie können in kürzester Zeit feststellen, ob eine Lieferung zu Recht als innergemeinschaftliche steuerfreie Lieferung erklärt wird bzw. ob die Umsatzsteuer tatsächlich entrichtet wurde.

Neben der Angabe in der Umsatzsteuererklärung beim Finanzamt muss der Lieferant seine innergemeinschaftliche Lieferung zusätzlich vierteljährlich in der beim Bundeszentralamt für Steuern abzugebenden „Zusammenfassenden Meldung" angeben. Die Abgabe dieser Meldung erfolgt elektronisch und soll letztlich der Kontrolle der Besteuerung des innergemeinschaftlichen Erwerbs beim Erwerber im Importland dienen. Aus diesem Grund werden die Daten in der „Zusammenfassenden Meldung" an die Finanzverwaltung des Erwerbslandes weitergegeben. Umgekehrt kann auf diese Weise die deutsche Finanzverwaltung den innergemeinschaftlichen Erwerb deutscher Erwerber prüfen.

Grundzüge der Umsatzsteuer beim Außenhandel mit Unernehmen in einem EU-Mitgliedsland	
Wareneinkauf = innergemeinschaftlicher Erwerb	**Warenverkauf = innergemeinschaftliche Lieferung**
nach dem Bestimmungslandprinzip (= USt-Pflicht im Empfangsland), in Deutschland umsatzsteuerpflichtig	in Deutschland (= Ausgangsland) umsatzsteuerfrei, sofern die Ausgangsrechnung • die USt-IDNr. des Lieferanten und des Kunden enthält und • auf die Umsatzsteuerfreiheit der Lieferung hinweist. (Wird an einen Privatkunden geliefert, so wird die Lieferung mit deutscher USt in Rechnung gestellt.)
Die geschuldete Umsatzsteuer kann mit der entsprechenden Vorsteuer verrechnet werden. Folglich belastet die Umsatzsteuer den deutschen Erwerber nicht.	Nach dem Bestimmungslandprinzip muss der Kunde (der Unternehmer) in seinem Land die entsprechende USt zahlen. In diesem Fall ist also der Erwerber der Steuerschuldner.

Grundzüge der Umsatzsteuer beim Außenhandel mit Unernehmen in einem EU-Mitgliedsland	
Wareneinkauf = innergemeinschaftlicher Erwerb	**Warenverkauf = innergemeinschaftliche Lieferung**
Erfassung und Verrechnung auf separaten USt-Konten, z. B.: • Vorsteuer aus innergemeinschaftlichem Erwerb • Umsatzsteuer aus innergemeinschaftlichem Erwerb	Erfassung des Umsatzerlöses auf separatem Konto, z. B.: Umsatzerlöse aus steuerfreier innergemeinschaftlicher Lieferung

Für den Außenhandel mit Ländern, die nicht zur EU gehören, gelten folgende Regeln:

Grundzüge der Umsatzsteuer beim Außenhandel mit Unternehmen in einem Drittland (= nicht EU-Mitgliedsland)	
Wareneinkauf = Einfuhrlieferung	**Warenverkauf = Ausfuhrlieferung**
Einfuhrumsatzsteuer (§ 1 Abs. 1 UStG) Erhebung nicht vom Finanzamt, sondern von den Zollbehörden (Zollbescheid)	umsatzsteuerfrei (§ 4 Nr. 1 UStG) bei Nachweis der Ausfuhr-Lieferung (z. B. Grenzübertrittsbescheinigung des Zollamts oder internationaler Frachtbrief der Deutschen Bahn AG)
Einfuhrumsatzsteuer ist als Vorsteuer abzugsfähig	keine Umsatzsteuerbuchung
Einrichtung eines separaten Vorsteuerkontos, z. B.: Einfuhrumsatzsteuer	Erfassung des Umsatzerlöses auf separatem Konto, z. B.: Ausfuhrerlöse mit Drittländern

Zahlungsvorgänge bei Ein- und Verkauf

Überweist der Kunde den Rechnungsbetrag, dann bedeutet dies, dass unsere Forderung an ihn abnimmt. Liegt der Kontoauszug vor, bedeutet der Zahlungseingang eine Zunahme auf unserem Bankkonto. Haben wir mehrere Bankkonten bei verschiedenen Banken, können wir entsprechend dem Vorgehen bei den Personenkonten in der Nebenbuchhaltung für jede Bank ein eigenes Konto in unserer Buchhaltung führen. Spätestens am Jahresende muss dann eine Übertragung aus den Nebenbuchkonten auf das Hauptbuchkonto „Bank" erfolgen. Beim Arbeiten mit Buchhaltungssoftware erfolgt diese Übertragung in der Regel automatisch.

Der Kunde hat gezahlt

Laut Kontoauszug hat unser Kunde den Rechnungsbetrag von 1.190 EUR auf unser Konto bei der Sparkasse überwiesen.

Soll	***Haben***	***Buchungsbetrag***
Sparkasse	*Kunde*	*1.190,00 EUR*

Das Kundenkonto ist nun auf „null" (beim Buchen der Rechnung haben wir hier 1.190,00 EUR im Soll gebucht und nun buchen wir 1.190,00 EUR im Haben).

Üblicherweise wird den Kunden angeboten, bei Zahlung innerhalb einer bestimmten Frist einen bestimmten Prozentsatz vom Rechnungsbetrag abzuziehen. Man spricht vom „Skonto". Dieses Angebot machen wir, um eine schnelle Zahlung des Kunden zu erreichen. Eine entsprechende Zahlungsbedingung könnte lauten: „Bei Zahlung innerhalb von zehn Tagen gewähren wir 2 % Skonto oder 30 Tage netto Kasse."

Zahlt der Kunde z. B. nach 20 Tagen durch Banküberweisung, erfolgt die Buchung wie oben beschrieben. Er hat maximal 30 Tage Zeit, die Rechnung zu begleichen. „Netto Kasse" heißt: ohne Abzug, d. h. er muss den vollen Rechnungsbetrag zahlen. Zahlt der Kunde innerhalb der zehn Tage, darf er 2 % vom Rechnungsbetrag abziehen.

Allerdings ist dabei zu beachten, dass für Geldschulden nach dem BGB der Erfüllungsort der Ort des Kunden ist. Dies wiederum bedeutet, dass der Kunde auch noch dann Skonto abziehen kann, wenn er die Überweisung in unserem Beispiel am 10. Tag bei seiner Bank abgibt.

Skontofrist eingehalten

Nehmen wir an, unser Kunde hat die genannte Rechnung innerhalb der Skontofrist überwiesen. Der Zahlungseingang laut Kontoauszug hat dann 1.166,20 EUR (1.190 EUR –23,80 EUR) betragen. Der Kunde hat also 2 % vom Rechnungsbetrag abgezogen.

Der Rechnungsbetrag setzt sich aus dem Nettobetrag (= unser Umsatzerlös) und der Umsatzsteuer zusammen. Dies bedeutet nun, dass durch den Abzug unser Umsatzerlös im Nachhinein kleiner ist und wir dem Finanzamt weniger Umsatzsteuer geben müssen, da wir auch vom Kunden weniger erhalten haben. Letztendlich müssen wir die Buchung unserer Rechnung (die ja bereits bei Rechnungstellung erfolgte) nun (nach Zahlungseingang) korrigieren.

Gehen wir zunächst vom Zahlungseingang aus. Der vom Kunden überwiesene Betrag (= 119 %) enthält auch Umsatzsteuer (19 %), die wir dem Finanzamt geben müssen. Der Nettoerlös (= 100 %) steht uns zu.

Korrektur des Umsatzerlöses und der Umsatzsteuer

Nettoerlös	**Umsatzsteuer**
119 % = 1.166,20 EUR *100 % = x EUR* $x = \frac{1.166{,}20\ EUR \times 100\,\%}{119\,\%}$ **x = 980,00 EUR**	*119 % = 1.166,20 EUR* *19 % = x EUR* $x = \frac{1.166{,}20\ EUR \times 19\,\%}{119\,\%}$ **x = 186,20 EUR**

Vom Überweisungsbetrag stehen also 980,00 EUR uns und 186,20 EUR dem Finanzamt zu. Der Zahlungseingang erfolgte am 25. Oktober 20XX. Aber bei Rechnungstellung am 15. Oktober – damals wussten wir ja noch nicht, dass der Kunde Skonto abziehen wird – haben wir auf den Konten „Umsatzerlöse und „Umsatzsteuer" bereits gebucht. Stellen wir nochmals die Zahlen gegenüber:

Mit Rechnungstellung am 15. Oktober 20XX gebuchte Beträge		**Beträge nach Zahlungseingang unter Skontoabzug am 25. Oktober 20XX**	
Umsatzerlöse	*1.000,00 EUR*	*Umsatzerlöse*	*980,00 EUR*
Umsatzsteuer	*190,00 EUR*	*Umsatzsteuer*	*186,20 EUR*

Aus Sicht des 25. Oktober 20XX sind unsere bereits gebuchten Umsatzerlöse zu hoch ausgewiesen. Wir müssen sie um 20 EUR (1.000 EUR – 980 EUR) korrigieren.

Für die Umsatzsteuer gilt: Aus Sicht des 25. Oktober 20XX ist die bereits gebuchte Umsatzsteuer um 3,80 EUR (190,00 EUR – 186,20 EUR) zu hoch ausgewiesen.

An beiden Korrekturen sind wir selbst interessiert: Die Korrektur der Umsatzerlöse (Abnahme im Soll, da Ertragskonto) ist nötig, um später einen korrekten Gewinn oder Verlust zu ermitteln. Die Korrektur der Umsatzsteuer ist erforderlich, um unsere Schuld gegenüber dem Finanzamt korrekt zu ermitteln und in diesem Fall zu reduzieren (Abnahme im Soll, da passives Bestandskonto).

Damit haben wir alle Informationen für die Buchung des Zahlungseingangs am 25. Oktober 20XX. Mit der Buchung des Zahlungseingangs wird auch die Korrektur der Umsatzerlöse und der Umsatzsteuer vorgenommen:

Buchung des Zahlungseingangs

Konten		***Buchungsbetrag in EUR***	
Soll	***Haben***	***Soll***	***Haben***
Sparkasse		*1.166,20*	
Umsatzerlöse		*20,00*	
Umsatzsteuer		*3,80*	
	Kunde		*1.190,00*

Auf dem Kundenkonto darf nicht der Betrag des Zahlungseingangs (1.166,20 EUR) gebucht werden, sonst verbliebe dort ein Restbetrag: Am 15. Oktober wurden auf dem Kundenkonto im Soll 1.190,00 EUR gebucht; buchten wir nun 1.166,20 EUR im Haben, so verbliebe eine Restforderung von 23,80 EUR.

Auf dem Kundenkonto muss im Haben der Rechnungsbetrag gebucht werden, damit das Kundenkonto auf „null" kommt. Nach der Zahlung haben wir an den Kunden aus diesem Geschäft keine Forderung mehr.

Die Buchung des Zahlungseingangs ist korrekt. Allerdings kann man daran nicht erkennen, dass der Kunde Skonto abgezogen hat. Grundsätzlich könnte eine Sollbuchung auf dem Konto „Umsatzerlöse" auch bedeuten, dass ein Kunde falsch gelieferte Ware zurückgeschickt hat. Will man aber diese Information in der Buchung haben, kann man Unterkonten nutzen. Im Kontenrahmen ist hierfür das Konto „Erlösberichtigungen" vorgesehen.

Auf Unterkonten (hier: Erlösberichtigungen bei Umsatzerlösen) bucht man auf der gleichen Seite (hier: Soll), wie man auf dem zugeordneten Hauptkonto (hier: Umsatzerlöse) gebucht hätte. Vor diesem Hintergrund ist es bei Nutzung von Unterkonten immer sinnvoll, zunächst zu überlegen, auf welchem Hauptbuchkonto und dort auf welcher Kontenseite die Korrektur erforderlich wäre. Die Buchung würde dann lauten:

Buchung auf Unterkonto

Konten		**Buchungsbetrag in EUR**	
Soll	**Haben**	**Soll**	**Haben**
Sparkasse		*1.166,20*	
Erlösberichtigungen		*20,00*	
Umsatzsteuer		*3,80*	
	Kunde		*1.190,00*

Zahlungsvorgänge beim Einkauf

Betrachten wir nun die Zahlungsvorgänge beim Einkauf: Wir haben am 5. Oktober Waren auf Rechnung eingekauft. Der

Rechnungsbetrag lautete auf 714 EUR (600 EUR Warenwert + 114 EUR Vorsteuer). Die Zahlungsbedingung des Lieferanten lautete: „Bei Zahlung innerhalb von zehn Tagen 2 % Skonto oder 30 Tage netto Kasse".

Zahlung ohne bzw. mit Skonto

Nehmen wir an, wir zahlen die Rechnung am 25. Oktober und verzichten auf den Skontoabzug. Damit entspricht der Zahlungsbetrag dem gebuchten Rechnungsbetrag. Korrekturbuchungen sind damit nicht erforderlich. Die Buchung lautet dann:

Soll	***Haben***	***Buchungsbetrag in EUR***
Lieferant	*Sparkasse*	*714,00*

Nehmen wir an, wir hätten die Rechnung am 15. Oktober unter Abzug von Skonto bezahlt: Unserem Kontoauszug können wir dann folgenden Zahlungsausgang entnehmen: 699,72 EUR (Rechnungsbetrag 714,00 EUR – 2 % Skonto = 14,28 EUR).

Für unsere Buchhaltung müssen wir den Überweisungsbetrag (119 %) genauer analysieren, um u. a. feststellen zu können, wie viel Vorsteuer (19 %) er enthält. Die Analyse zeigt uns auch, was uns die Ware im Endeffekt (nach Abzug von Skonto) gekostet hat.

Korrektur von Warenwert und Vorsteuer

Nettowarenwert (100 %)	**Vorsteuer (19 %)**
119 % = 699,72 EUR *100 % = x EUR* $x = \frac{699{,}72\ EUR \times 100\,\%}{119\,\%}$ **x = 588,00 EUR**	*119 % = 699,72 EUR* *19 % = x EUR* $x = \frac{699{,}72\ EUR \times 19\,\%}{119\,\%}$ **x = 111,72 EUR**

Wir haben also 588,00 EUR Warenwert und 111,72 EUR Steuer überwiesen. Somit haben wir aus Sicht des Zahltags (15. Oktober) eine Forderung ans Finanzamt in Höhe von 111,72 EUR. Beim Eingang der Ware mit Rechnung am 5. Oktober 20XX haben wir eine Vorsteuer in Höhe von 114 EUR und einen Warenwert in Höhe von 600 EUR gebucht. Durch die Zahlung mit Skontoabzug stimmen diese Zahlen nicht mehr. Wir müssen mit der Buchung des Zahlungsausgangs eine Korrektur vornehmen.

Mit Eingangsrechnung am 5. Oktober 20XX gebuchte Beträge		***Beträge nach Zahlungsausgang unter Skontoabzug am 15. Oktober 20XX***	
Waren (bzw. Aufwand für Waren)	*600,00 EUR*	*Waren (bzw. Aufwand für Waren)*	*588,00 EUR*
Vorsteuer	*114,00 EUR*	*Vorsteuer*	*111,72 EUR*

Bisher (wir haben nur die Eingangsrechnung gebucht) ist unsere Forderung ans Finanzamt in der Buchführung noch um 2,28 EUR (114 EUR – 111.72 EUR) zu hoch ausgewiesen. Das Finanzamt erwartet von uns eine Korrektur. Auch der Warenwert ist um 12,00 EUR (600 EUR – 588 EUR) zu hoch ausgewiesen. Folglich müssen wir bei der Buchung des Zahlungsausgangs eine Korrektur vornehmen. Unsere gebuchte Vorsteuer müssen wir um 2,28 EUR vermindern, was wir durch eine Habenbuchung (Abgang) auf dem aktiven Bestandskonto erreichen. Wenn wir beim Einkauf auf dem aktiven Bestandskonto „Waren" gebucht haben (= Annahme, Ware kommt zunächst ins Lager), müssen wir nun die Abnahme des Warenpreises durch eine Habenbuchung erfassen, da es sich bei diesem Konto ebenfalls um ein aktives Bestandskonto handelte. Die Buchung für den Zahlungsausgang durch Banküberweisung lautet:

Buchung des Zahlungsausgangs

Konten		**Buchungsbetrag in EUR**	
Soll	**Haben**	**Soll**	**Haben**
Lieferant		*714,00*	
	Sparkasse		*699,72*
	Waren		*12,00*
	Vorsteuer		*2,28*

Auf dem Lieferantenkonto darf nicht der Betrag des Zahlungsausgangs (699,72 EUR) gebucht werden, sonst verbliebe dort ein Restbetrag: Am 5.Oktober wurden auf dem Lieferantenkonto im Haben 714,00 EUR gebucht, nun 699,72 EUR im Soll; somit verbliebe eine Restschuld von 14,28 EUR.

Auf dem Lieferantenkonto muss im Soll der Rechnungsbetrag gebucht werden, damit das Lieferantenkonto auf null kommt. Nach der Zahlung haben wir gegenüber dem Lieferanten aus diesem Geschäft keine Verbindlichkeiten mehr.

Die Buchung des Zahlungsausgangs ist korrekt. Allerdings kann man daran nicht erkennen, dass wir Skonto abgezogen haben. Grundsätzlich könnte eine Habenbuchung auf dem Konto „Waren" auch bedeuten, dass wir eine Falschlieferung an den Lieferanten zurückgeschickt haben. Um diese Information in der Buchung zu haben, kann man Unterkonten nutzen. Im Kontenrahmen ist hierfür das Konto „Nachlässe" vorgesehen.

Auf Unterkonten (hier: Nachlässe bei Waren) bucht man auf der gleichen Seite (hier: Haben), wie man auf dem zugeordneten Hauptkonto (hier: Waren) gebucht hätte. Vor diesem Hintergrund ist es bei Nutzung von Unterkonten immer sinnvoll, zunächst zu überlegen, auf welchem Hauptbuchkonto und dort auf welcher Kontenseite die Korrektur erforderlich wäre. Die Buchung würde dann lauten:

Buchung auf Unterkonto

Konten		**Buchungsbetrag in EUR**	
Soll	**Haben**	**Soll**	**Haben**
Lieferant		*714,00*	
	Sparkasse		*699,72*
	Nachlässe (bei Waren)		*12,00*
	Vorsteuer		*2,28*

Wurde beim Einkauf auf dem Konto „Aufwand für Waren" gebucht, muss bei der Zahlung unter Abzug von Skonto auch auf diesem Konto korrigiert werden. Im Kontenrahmen gibt es auch beim Konto „Aufwand für Waren" ein Unterkonto mit dem Namen „Nachlässe". Da dieses gleichnamige Konto aber bei „Aufwand für Waren" eingeordnet ist, hat es eine andere Kontennummer als das Konto „Nachlässe", das beim Konto „Waren" eingeordnet ist.

Kontennummern

Nachlässe (bei „Waren"): z. B. Konto-Nr. 2002

Nachlässe (bei „Aufwand für Waren"): z. B. Konto-Nr. 6002

Auf den Punkt gebracht

Durch den Skontoabzug beim Ver- bzw. Einkauf müssen die bei der Rechnungstellung gebuchten Umsatzerlöse/Warenwerte und die Umsatzsteuer/Vorsteuer korrigiert werden. Diese Korrektur erfolgt entweder direkt auf dem Konto „Umsatzerlöse"/„Waren/Rohstoffe" (bzw. „Aufwand für Waren/Aufwand für Rohstoffe") oder als Buchung auf dem Unterkonto „Erlösberichtigungen"/„Nachlässe". Auf diesen Konten wird auf derselben Kontenseite wie auf dem zugeordneten Hauptbuchkonto gebucht.

Ende gut – alles gut: Der Jahresabschluss

Abschreibung/Absetzung für Abnutzung

Wenn die Nutzungsdauer eines erworbenen Gutes über ein Geschäftsjahr hinausgeht, muss der Aufwand für die Anschaffung auf die Jahre der Nutzung verteilt werden. Würde dies versäumt, wäre die Aussage über die Wirtschaftlichkeit der Geschäftsjahre während der Nutzung verzerrt.

Zunächst werden Anschaffungsgegenstände mit ihren Anschaffungs- bzw. Herstellungskosten zum vollen Wert auf das Anlagekonto gebucht (aktiviert). Dadurch verändert sich nicht die Höhe des Vermögens, sondern lediglich seine Zusammensetzung. Die im laufenden Geschäftsjahr festgestellte Wertminderung eines Vermögensgegenstands wird vom gebuchten Wert, dem Buchwert, am Ende des Geschäftsjahres abgesetzt oder abgeschrieben.

Im Steuerrecht wird die handelsrechtliche Abschreibung als „AfA = Absetzung für Abnutzung" bezeichnet. Wegen der Maßgeblichkeit der handelsrechtlichen Vorschriften auch für die Steuerermittlung sprechen wir im Folgenden nur von „Abschreibung". Ebenso verwenden wir nicht mehr den steuerrechtlichen Begriff „Wirtschaftsgut", sondern nur noch den handelsrechtlichen Begriff „Vermögensgegenstand".

Wann ist eine Abschreibung möglich?

Gegenstände des Anlagevermögens sind nicht zur Veräußerung bestimmt, sondern sollen über längere Zeit hinweg genutzt werden. Soweit sie dabei gebraucht, also abgenutzt werden, kann man sie auch abschreiben.

- **Materielle, abnutzbare Wirtschaftsgüter** des Anlagevermögens sind beispielsweise: Geschäftsausstattung, Maschinen, Fahrzeuge und Gebäude. Grundstücke sind nicht abnutzbar und damit auch nicht abschreibungsfähig im eigentlichen Sinne. Sie können unter Umständen aber niedriger bewertet werden.
- **Immaterielle Anlagewerte** wie erworbene Patente, Lizenzen und Konzessionen können ebenfalls abgeschrieben werden.

Die **technische** bzw. **verbrauchsbedingte** Abnutzung ist auf folgende Ursachen zurückzuführen:

- Gewöhnlicher Verschleiß durch **Gebrauch** (in erster Linie bei mechanisch bewegten Teilen zu beobachten)

Verschleiß eines Fahrzeugs

Die Teile eines Fahrzeugs, z. B. Reifen oder Motor, werden nach einer gewissen Kilometerleistung unbrauchbar. Schließlich würden Reparaturen in wirtschaftlich nicht mehr zu vertretendem Umfang notwendig werden.

- Natürlicher Verschleiß auch im **Ruhezustand**

Materialermüdung

Ein Gebäude ist der Witterung ausgesetzt. Durch auftretende Risse ist die Fassade immer mehr „wasserdurchlässig". Metalle und Gummi „ermüden" aus physikalischen Gründen nach einer gewissen Zeit.

- **Substanzverringerung,** beispielsweise durch Abbau in einem Steinbruch
- **Höhere Gewalt** wie Feuer oder Orkan kann zu einem nicht vorhersagbaren ganzen oder teilweisen Untergang des Vermögensgegenstands führen.

Wirtschaftliche Wertminderungen haben ihre Ursachen darin, dass eine Investition in dieser Form oder zu diesem Wert eigentlich nicht mehr vertretbar wäre:

- Technischer Fortschritt

Veralteter PC

Ein alter PC mag noch immer dieselben Dienste wie am Anfang leisten. Da moderne Computer diese Dienste aber nicht nur schneller, sondern auch in ganz anderer, effizienterer Kombination anbieten, ist ein Unternehmen gezwungen, die Geräte immer schneller auszutauschen, um seinerseits eine höherwertige Leistung erbringen zu können.

- Gesunkene Wiederbeschaffungs- oder Herstellungskosten

Niedrigere Kosten für PC

Ein Personalcomputer kostet mit vergleichbarer Leistung nach einem Jahr statt 2.000 nur noch 550 EUR.

- **Bedarfsverschiebung** bei den Kunden: Die bisher mit der Anlage erstellten Leistungen werden nicht mehr nachgefragt.

Rechtliche Ursachen für eine Abschreibung können der zeitliche Ablauf von Schutzrechten und Verträgen sein, aber auch steuerlich zulässige „Sonderabschreibungen".

Welche Formen der Abschreibung gibt es?

Ein betrieblich genutzter Gegenstand kann seinen Wert aufgrund zahlreicher Ursachen, die alle zugleich wirken, verlieren. In der Buchhaltung muss die Wertminderung aber zahlenmäßig geschätzt und festgelegt werden. Man spricht dann von der **planmäßigen** Abschreibung. Eine **außerplanmäßige** Abschreibung wird nur dann vorgenommen, wenn eine außergewöhnliche und dauernde Wertminderung im Einzelfall festgestellt worden ist.

Bei den überwiegend angewendeten Methoden der Abschreibungsermittlung geht man grundsätzlich von der „betriebsgewöhnlichen Nutzungsdauer" der Vermögensgegenstände aus.

Anlagegüter	Nutzungsdauer in Jahren
Fahrzeuge	
• Personenkraftwagen und Kombiwagen	6
• Motorräder, Motorroller, Fahrräder	7
• Lastkraftwagen	9
• Anhänger, Auflieger	11
• Elektrokarren	8

Anlagegüter	Nutzungsdauer in Jahren
Betriebs- und Geschäftsausstattung	
• Kühleinrichtungen	8
• Fernsprechanlagen	10
• Mobilfunkendgeräte	5
• Faxgeräte	6
• Großrechner	7
• Personalcomputer, Notebooks mit Peripheriegeräten	3
• Büromöbel	13
• Tresoranlagen	25

Die für die Berechnung der Abschreibung maßgeblichen Anschaffungs- oder Herstellungskosten enthalten bei umsatzsteuerpflichtigen Unternehmen grundsätzlich keine Umsatzsteuer. Es gilt also jeweils nur der Nettobetrag.

Lineare Abschreibung

Bei der linearen Abschreibung werden die Anschaffungs- oder Herstellungskosten durch die Anzahl der Jahre der geschätzten Nutzungsdauer laut AfA-Tabelle dividiert. Für jedes Nutzungsjahr ergibt sich so der gleiche Abschreibungsbetrag.

Jährliche Abschreibung für einen PC

Ein PC wurde zu Anschaffungskosten von 12.000 EUR beschafft. Die Nutzungsdauer wird mit drei Jahren angenommen. Jährliche Abschreibung: 12.000 : 3 = 4.000 EUR.

Geometrisch-degressive Abschreibung

Soweit es steuerlich zulässig war, wurde in den ersten Jahren nach der Anschaffung häufig eine höhere Abschreibung bevorzugt. Bei planmäßiger Abschreibung wird dabei zur Erreichung fallender (= degressiver) Abschreibungsbeträge ein vereinfachtes Verfahren angewandt: Die jährliche Abschreibung wird dabei immer mit dem gleichen Prozentsatz vom Buchwert am Jahresanfang berechnet. Der bis 2007 höchste steuerlich zulässige Wert für die degressive Abschreibung war das Doppelte des linearen Abschreibungssatzes, höchstens 20 %. Bei einer Abschreibungsdauer von mehr als fünf Jahren ist der degressive Abschreibungssatz geringer als 20 %.

Die geometrisch-degressive Abschreibung ist nur bei beweglichen abnutzbaren Anlagegütern zulässig, die bis Ende 2007 (vor der Gesetzesänderung) angeschafft worden sind. Ist die steuerlich wirksame Abschreibung höher als die tatsächliche Abnutzung, ergibt sich eine „Stundung" der Gewinnsteuern, da der Gewinn zunächst vermindert wird.

Bei einer Anschaffung während des Jahres wird die Abschreibung zeitanteilig berechnet.

Wie werden Abschreibungen gebucht?

Direkte Abschreibung

In dem Wort „Abschreibung" selbst steckt bereits die Methode, nämlich den Wert eines Anlagegutes buchmäßig herabzusetzen. Bei der **direkten Abschreibung** wird die berechnete Abschreibung vom gebuchten, d. h. aktivierten, Anschaffungswert abgesetzt, indem man sie auf die Haben-

Seite des Anlagekontos bucht. Der neue Saldo ergibt den für den Abschluss des Geschäftsjahres angesetzten Wert.

Abschreibung eines Lkws

Ein Lkw wird abgeschrieben: Kauf am 2.1., Banküberweisung 60.000 EUR netto, Nutzungsdauer sechs Jahre.

Buchungssatz bei Anschaffung am 2.1.:

Soll	**Haben**	**Buchungsbetrag**
Fuhrpark		*60.000,00 EUR*
Vorsteuer		*11.400,00 EUR*
	Bank	*71.400,00 EUR*

Die Abschreibung beträgt jährlich 10.000,00 EUR. Der Lkw wird am Jahresende also mit 50.000,00 EUR bewertet.

Die Abschreibung wird am Jahresende als Aufwand gebucht:

Soll	**Haben**	**Buchungsbetrag**
Abschreibung auf Sachanlagen	*Fuhrpark*	*10.000,00 EUR*

Im Inventar wird der Lkw mit 50.000,00 EUR angesetzt. Mit diesem Wert geht er in die Bilanzposition „Fuhrpark" ein. Im nächsten Geschäftsjahr wird die Abschreibung in gleicher Weise gebucht. In der Bilanz erscheint der Lkw dann mit einem Wert von 40.000,00 EUR.

Indirekte Abschreibung

Die direkte Abschreibung ist buchungsmäßig einfach. Die ursprünglichen Anschaffungskosten sind bei dieser Methode aus der Bilanz nicht mehr ersichtlich. Kapitalgesellschaften müssen deshalb eine gesonderte Übersicht, dem „Anlagespiegel", erstellen. Grundsätzlich wird die Aussagefähigkeit einer Bilanz für Dritte verbessert, wenn die Anschaffungswerte und die Summe der Abschreibungen ersichtlich sind. So kann man das Alter der Anlagegüter abschätzen. Wird die Abschreibung nicht mit dem Anschaffungswert saldiert, spricht man von **indirekter Abschreibung**. Sie ist bei Kapitalgesellschaften bilanziell **nicht** zulässig.

Abgang von Anlagen

Das Unternehmen verkauft den vor zwei Jahren beschafften und inzwischen mit 40.000,00 EUR zu Buche stehenden LkW Ende Januar zum Preis von 42.000,00 EUR zuzüglich Umsatzsteuer gegen Banküberweisung.

Die Differenz von 2.000,00 EUR zum Buchwert wird als sonstiger Ertrag aus dem Abgang von Anlagevermögen erfasst. Wäre der Buchwert höher als der Verkaufspreis, müsste die Abschreibung entsprechend nachgeholt werden.

Abschreibung geringwertiger Wirtschaftsgüter

Typische geringwertige Wirtschaftsgüter sind Kleinmöbel, Bücherschränke, Papierkörbe, Schreibtischstühle oder Diktiergeräte.

> *Neue Stühle*
>
> *Ein Unternehmen stattet sein Büro mit neuen Drehstühlen aus. Insgesamt werden Ende Januar 20 Stühle zum Einzelpreis von 350 EUR zuzüglich der Umsatzsteuer beschafft.*

Wirtschaftsgüter, die zwischen 250 EUR und einschließlich 1.000 EUR, jeweils ohne Umsatzsteuer (Mehrwertsteuer), kosten, gelten als geringwertige Wirtschaftsgüter (GWG).

Geringwertige Wirtschaftsgüter müssen

- beweglich,
- abnutzbar und
- selbstständig bewert- und nutzbar sein.

Einbauteile können also nicht wie GWG behandelt werden. Auch Gegenstände, die veräußert werden sollen (Waren) oder zur Verarbeitung angeschafft werden (Roh-, Hilfs- und Betriebsstoffe), gehören nicht zu den GWG. Alle Wirtschaftsgüter, die bis zu 250 EUR kosten, werden sofort als Aufwand gebucht.

Alle GWG, die in einem Geschäftsjahr angeschafft worden sind, werden auf dem Sammelkonto „GWG" zusammengefasst. Die Summe kann dann natürlich weit über der Einzelgrenze von 1.000 EUR liegen. Für jedes Kalenderjahr wird ein eigenes Konto eingerichtet, also z. B. „GWG 2018". Nach den steuerlichen Vorschriften wird der auf diesem Konto angesammelte Betrag in fünf gleichen Jahresbeträgen, also linear, abgeschrieben. Der so ermittelte Abschreibungsbetrag ändert sich nicht – auch dann nicht, wenn die GWG aus dem Anlagevermögen ausscheiden, z. B. durch Verkauf oder Zerstörung, oder sich im Wert rascher als in den fünf Jahren seit Beschaffung angesetzt vermindern. In der Steuerbilanz kann auf diese Weise sogar eine Überbewertung von Wirtschaftsgütern entstehen.

Für die Ermittlung von Überschusseinkünften, z. B. aus Vermietung und Verpachtung, und für nicht nach HGB buchführungspflichtige Unternehmen galt bis 2007 das Wahlrecht, Gegenstände bis zum Anschaffungswert von 410 EUR netto im Jahr der Anschaffung sofort abzuschreiben, statt über das Sammelkonto. Dies gilt noch immer für Einkünfte aus nicht selbständiger Arbeit und aus Vermietung und Verpachtung, ab 2018 bis 800 EUR netto.

<table>
<tr><th colspan="3">Betragsschwellen für die Buchung von Anschaffungs- und Herstellkosten</th></tr>
<tr><th></th><th>Gewinneinkünfte</th><th>Überschuss-einkünfte</th></tr>
<tr><td>Maßgebliche Einkunftsarten</td><td>Einkünfte aus
• Gewerbebetrieb
• selbstständiger Arbeit
• Land- und Forstwirtschaft
(auch bei Einnahmen-überschussrechnung)</td><td>Einkünfte aus
• nicht selbstständiger Arbeit
• Vermietung und Verpachtung
• Kapitalvermögen
Sonstige Einkünfte</td></tr>
<tr><td>Betragsbereiche</td><td></td><td></td></tr>
<tr><td>bis 250 EUR netto</td><td>sofort als Aufwand absetzbar</td><td rowspan="2">nach Wahl:
• sofortiger Abzug als Werbungskosten oder
• zeitanteilige Abschreibung</td></tr>
<tr><td>über 250 EUR bis 800 EUR netto</td><td rowspan="2">GWG: Bildung eines Jahres-Sammelpostens; Abschreibung auf diesen über 5 Jahre mit 20 %</td></tr>
<tr><td>über 800 EUR bis 1.000 EUR netto</td><td rowspan="2">keine GWG: zeitanteilige Abschreibung verpflichtend</td></tr>
<tr><td>über 1.000 EUR netto</td><td>keine GWG: zeitanteilige Abschreibung verpflichtend</td></tr>
</table>

Auf den Punkt gebracht

Mit der Abschreibung wird die Wertminderung von Vermögensgegenständen, die über mehrere Jahre in Gebrauch sind, erfasst. Die Höhe der jährlichen Abschreibung bemisst sich an der betriebsgewöhnlichen Nutzungsdauer.

Die Abschreibung muss in gleichen Jahresbeträgen erfolgen (lineare Abschreibung). Sie wird regelmäßig gebucht, indem vom Anschaffungswert die jeweilige Wertminderung direkt abgesetzt wird. Als Gegenbuchung erscheint bei den Aufwendungen die Position „Abschreibung".

Bewertung für die Bilanzerstellung

Der in der Finanzbuchhaltung ermittelte Erfolg eines Geschäftsjahres hängt unter anderem wesentlich davon ab, wie am Bilanzstichtag das Vermögen und die Verbindlichkeiten bewertet werden.

Auf der einen Seite möchte ein Unternehmen zur Vermeidung von Ertragsteuern seine Lage so schlecht wie möglich darstellen. Auf der anderen Seite ist man aber in schlechten Zeiten geneigt, das Bild des Unternehmens möglichst günstig zu zeichnen, was jedoch die Gläubiger oder auch Gesellschafter schädigen könnte.

Um hier Missbrauch einzuschränken, hat der Gesetzgeber sowohl handels- wie steuerrechtliche Mindest- und Höchstgrenzen und Grundsätze für die Bewertung von Vermögen und Schulden festgelegt. Innerhalb dieser Grenzen bleibt dem Unternehmen aber ein relativ großer Spielraum.

Bewertung nach dem Handels- und Steuerrecht

Die allgemeinen handelsrechtlichen Bewertungsgrundsätze sind in § 252 Abs. 1 HGB beschrieben:

1. „Die Wertansätze in der Eröffnungsbilanz des Geschäftsjahrs müssen mit denen der Schlussbilanz des vorhergehenden Geschäftsjahrs übereinstimmen."

Diese Regel bezeichnet man als **„Grundsatz der Bilanzkontinuität"**. Von dieser formellen Bilanzkontinuität, auch **„Bilanzidentität"** genannt, darf nur in begründeten Ausnahmefällen abgewichen werden.

Die **materielle Bilanzkontinuität** ergänzt die formelle insofern, als die einmal gewählten Bewertungsmethoden grundsätzlich beibehalten werden müssen. Auch dieser Grundsatz soll die Vergleichbarkeit gewährleisten.

2. „Bei der Bewertung ist von der Fortführung der Unternehmenstätigkeit auszugehen, sofern dem nicht tatsächliche oder rechtliche Gegebenheiten entgegenstehen." (Grundsatz der **Unternehmensfortführung**)

> *Wert einer Maschine*
>
> *Eine speziell für ein Unternehmen konstruierte Maschine ist nur für das Unternehmen selbst bei der Produktion wertvoll. Müsste man sie aber verkaufen, wäre sie eventuell nur noch zum Schrottwert abzusetzen.*

3. „Die Vermögensgegenstände und Schulden sind zum Abschlussstichtag einzeln zu bewerten."

Der Grundsatz der **Einzelbewertung** und das **Stichtagsprinzip** kommen insbesondere bei der Erstellung des Inventars zur Anwendung. Ausnahmen hiervon gibt es z. B. bei der Bewertung von Vorräten des Umlaufvermögens.

4. „Es ist vorsichtig zu bewerten, namentlich sind alle vorhersehbaren Risiken und Verluste, die bis zum Abschlussstichtag entstanden sind, zu berücksichtigen, selbst wenn diese erst zwischen dem Abschlussstichtag und dem Tag der Aufstellung des Jahresabschlusses bekannt geworden sind; Gewinne sind nur zu berücksichtigen, wenn sie am Abschlussstichtag realisiert sind." (Grundsatz der **Vorsicht**)

Das Prinzip, zu erwartende Verluste zu berücksichtigen und noch nicht realisierte Gewinne unberücksichtigt zu lassen, wird auch als **„Imparitätsprinzip"** (Imparität = Ungleichheit) bezeichnet. Es kommt bei der Bewertung des Anlage- und Umlaufvermögens als strenges und gemildertes **Niederstwertprinzip** und bei der Bewertung der Verbindlichkeiten als **Höchstwertprinzip** zur Anwendung. Mit **„Realisationsprinzip"** bezeichnet man die Vorschrift, Gewinne nur dann zu berücksichtigen, wenn sie realisiert worden sind.

5. „Aufwendungen und Erträge des Geschäftsjahrs sind unabhängig von den Zeitpunkten der entsprechenden Zahlungen im Jahresabschluss zu berücksichtigen."

Der Grundsatz der **Periodenabgrenzung** erfordert die zeitliche Abgrenzung und die Bildung von Rückstellungen (vgl. Seite 97 ff. und 101 ff.).

Die steuerrechtlichen Vorschriften sind überwiegend aus § 6 EStG zu entnehmen. Sie entsprechen von ihrer Systematik her etwa den handelsrechtlichen Vorschriften. Allerdings werden andere Begriffe verwendet und vor allem wird die Bewertung nach unten stärker eingeschränkt.

Wie unterscheiden sich Handels-, Steuer- und Einheitsbilanz?

Die handelsrechtlichen Bewertungsvorschriften beinhalten das Vorsichtsprinzip zum Schutz der Gläubiger: Vermögenswerte sollen nicht zu hoch und Verbindlichkeiten nicht zu gering angesetzt werden. Die steuerrechtlichen Vorschriften zielen darauf ab, die Vermögenswerte nicht zu gering und die Verbindlichkeiten nicht zu hoch auszuweisen, damit der Steuerpflichtige seinen Gewinn nicht zu niedrig ausweist.

Wenn diese Bewertungsvorschriften bis in ihre Grenzbereiche ausgenutzt werden, kann das handelsrechtlich ermittelte Jahresergebnis von dem steuerrechtlichen abweichen.

> Eine Handelsbilanz entspricht den handelsrechtlichen Vorschriften, eine Steuerbilanz den steuerrechtlichen. **!**

Trotz der unterschiedlichen Zielsetzungen der Bewertungsvorschriften gilt für die Steuerbilanz der **Maßgeblichkeitsgrundsatz**, nach dem für die Ermittlung der steuerlichen Wertansätze die handelsrechtlichen Vorschriften gelten.

Unternehmen, die keinen Jahresabschluss veröffentlichen, erstellen ihre Bilanz häufig so, dass sie sowohl den handels- als auch den steuerrechtlichen Vorschriften entspricht. Man nennt eine solche Bilanz dann Einheitsbilanz. Kapitalgesellschaften erstellen wegen der voneinander abweichenden

Vorschriften in der Steuer- und Handelsbilanz keine Einheitsbilanz.

Bewertung des Anlagevermögens

Nach § 253 Abs. 1 HGB sind Vermögensgegenstände „höchstens mit den Anschaffungs- oder Herstellungskosten, vermindert um Abschreibungen [...] anzusetzen".

Was sind Anschaffungskosten?

Anschaffungskosten sind die Ausgaben für den Erwerb eines Vermögensgegenstands. Sie beinhalten den Kaufpreis und können um die Anschaffungsnebenkosten erhöht und um Rabatte und Skonti, die sog. Anschaffungspreisminderungen, vermindert werden.

Anschaffungsnebenkosten können z. B. Transportkosten, Einfuhrzölle, Provisionen, Montagekosten; bei Grundstücken Notariatskosten, Grunderwerbsteuer, Erschließungskosten; bei Fahrzeugen Zulassungskosten sein.

Wir kaufen einen Pkw

Rechnungsposition	***Betrag in EUR***
Listenpreis	*25.000,00*
– *Rabatt 4 %*	*1.000,00*
Barpreis	*24.000,00*
+ *Überführungskosten*	*800,00*
+ *Zulassungskosten*	*110,00*
Aktivierungspflichtiger Nettobetrag	*24.910,00*
+ *19 % Umsatzsteuer*	4.732,90
Rechnungsbetrag brutto	29.642,90

Der aktivierungspflichtige Nettobetrag ist für umsatzsteuerpflichtige Unternehmen Grundlage für die Berechnung der Abschreibung und für die Berechnung des Inventarwerts.

Die Ausgaben für Fahrzeugsteuer, Versicherung und Tanken sind als Betriebsaufwand (Fuhrparkkosten) zu erfassen.

Im gewerblichen Bereich gehören Geldbeschaffungs- und Lagerkosten nicht zu den Anschaffungskosten.

Was sind Herstellungskosten?

Herstellungskosten sind die Aufwendungen, die bei der Herstellung von Erzeugnissen und selbst genutzten Anlagen und Werkzeugen anfallen. Im Steuerrecht liegen die mindestens anzusetzenden Herstellungskosten über denen des Handelsrechts. Die Obergrenze ergibt sich nach dem Maßgeblichkeitsprinzip aus dem Handelsrecht.

Die Ermittlung der Herstellungskosten ist in erster Linie für industrielle Betriebe ein wichtiges Ziel der Kostenrechnung.

Gemildertes Niederstwertprinzip

Besteht eine Wertminderung nur vorübergehend, kann beim Anlagevermögen auf eine außerplanmäßige Abschreibung verzichtet werden. Bei Kapitalgesellschaften ist der Verzicht nur bei Finanzanlagen zulässig (§ 279 HGB).

Vorübergehende Wertminderung

Eine Aktiengesellschaft hält eine Beteiligung bei einem Zulieferer. Es handelt sich um 100.000 Aktien, die zum Preis von 25 EUR erworben wurden. Die Beteiligung steht also mit 2,5 Mio. EUR zu Buche. Nach einer Börseneinführung sank der Kurs durch Verkäufe von spekulativ eingestellten Anlegern auf 24 EUR. Die Aktiengesellschaft kann dann 100.000 EUR außerplanmäßig abschreiben, ist aber nicht dazu gezwungen, wenn der Kurseinbruch als vorübergehend angesehen werden kann.

Bewertung des Umlaufvermögens

Für die Bewertung des Umlaufvermögens gilt das strenge Niederstwertprinzip.

Bewertung der Bestände

Rohstoffe, Fremdbauteile und Handelswaren werden zum Tageswert, steuerlich also dem Teilwert, höchstens aber zu Anschaffungskosten bewertet. Bei Wertminderungen muss keine besondere Buchung vorgenommen werden.

Ein verminderter Wertansatz darf handels- und steuerrechtlich grundsätzlich beibehalten werden.

Nach den allgemeinen Bilanzierungsgrundsätzen gilt der Grundsatz der Einzelbewertung. Befinden sich viele gleichartige Waren in einem häufig wechselnden Bestand, kann nach § 256 HGB und nach § 6 EStG ein Vereinfachungsverfahren angewandt werden.

Wenn die Einkaufspreise schwanken, ist eine **Durchschnittsbewertung** sinnvoll. Dabei wird der gewogene Durchschnitt aller Einkäufe, ohne Berücksichtigung von Entnahmen, zugrunde gelegt. Ein Anfangsbestand gilt wie ein Einkauf zum Preis des letzten Bilanzansatzes.

Die **Lifo-Bewertung** (**L**ast **i**n – **f**irst **o**ut = zuletzt herein – zuerst hinaus) ist dann aus Vorsichtsgründen sinnvoll, wenn die Einkaufspreise gestiegen sind.

Lifo-Bewertung

Tag	***Käufe in Stück***	***Einzelpreis in EUR/St.***	***Gesamtpreis in EUR***
01.01.	*50*	*15,00 (Inventarwert)*	*750,00*
25.01.	*150*	*15,50*	*2.325,00*
25.03.	*300*	*16,00*	*4.800,00*
17.08.	*150*	*17,00*	*2.550,00*
25.10.	*100*	*17,50*	*1.750,00*
Summen	*750*		*12.175,00*

Es darf unterstellt werden, dass die zuletzt gekauften Gegenstände als erste entnommen worden sind. Nach Entnahme von 450 St. bleibt ein Bestand, bewertet nach Käufen vom:

Tag	***Stück***	***EUR/St.***	***EUR***
01.01.	*50*	*15,00 (Inventarwert)*	*750,00*
25.01.	*150*	*15,50*	*2.325,00*
25.03.	*100 (Rest)*	*16,00*	*1.600,00*
Summen	*300*	*Wertansatz:*	*4.675,00*
		ergibt pro Stück	*15,58*

Handelsrechtlich ist auch die Bewertung nach dem Prinzip „**F**irst **i**n – **f**irst **o**ut" (**Fifo-Bewertung**) zulässig, insbesondere bei fallenden Anschaffungskosten bzw. Einstandspreisen.

Fifo-Bewertung

Tag	*Käufe in Stück*	*Einzelpreis in EUR/St.*	*Gesamtpreis in EUR*
01.01.	*50*	*15,00 (Inventarwert)*	*750,00*
25.01.	*150*	*14,50*	*2.175,00*
25.03.	*300*	*14,00*	*4.200,00*
17.08.	*150*	*13,00*	*1.950,00*
25.10.	*100*	*12,50*	*1.250,00*
Summen	*750*		*10.325,00*

Nach Entnahme von 450 St. bleibt ein Bestand, bewertet nach Käufen vom:

Tag	*Stück*	*EUR/St.*	*EUR*
01.01.	*50*	*14,00*	*700,00*
17.08.	*150*	*13,00*	*1.950,00*
25.10.	*100*	*12,50*	*1.250,00*
Summen	*300*	*Wertansatz:*	*3.900,00*
		ergibt pro Stück	*13,00*

Bewertung der Forderungen

Die Forderungen werden am Jahresende in drei Gruppen eingeteilt:

- uneinbringliche Forderungen,
- zweifelhafte Forderungen und
- einwandfreie Forderungen.

Für einen besseren Überblick kann zunächst der Gesamtbestand der einwandfreien Forderungen von Forderungen, deren vollständiger Eingang nicht mehr sicher erwartet wird, getrennt werden. In der veröffentlichten Bilanz ist nach § 266 HGB eine solche Trennung jedoch nicht vorgesehen.

Steht ein Forderungsausfall endgültig fest, weil beispielsweise in einem außergerichtlichen Vergleich auf einen Teil der Forderung verzichtet oder ein Insolvenzverfahren mangels Masse abgelehnt wurde, wird die Forderung ganz abgeschrieben. Der in der Forderung enthaltene Umsatzsteueranteil muss ebenfalls berichtigt werden.

Bewertung der Verbindlichkeiten

Beim Wertansatz der Verbindlichkeiten gilt nach dem Vorsichtsgrundsatz das Höchstwertprinzip.

Grundsätzlich werden Verbindlichkeiten mit ihrem Nennwert (Nominalwert) erfasst, auch wenn dieser erst in Zukunft zu entrichten ist. Bei Währungsverbindlichkeiten ist im Zweifel vom höheren Tageskurs auszugehen.

Auf den Punkt gebracht

Für die Erstellung der Bilanz werden Vermögen und Schulden bewertet. Zu unterscheiden sind die handels- und die steuerrechtliche Bewertung, die zu unterschiedlichen Bilanzen führen können. Als Grundlage für die Besteuerung und als Information für Gläubiger ist eine Bewertung nach den Vorschriften des HGB üblich.

Gewinn-und-Verlust-Rechnung

Die Gewinn-und-Verlust-Rechnung ist ein wesentlicher Bestandteil des Jahresabschlusses. In ihr werden Aufwendungen und Erträge, die im Laufe eines Jahres in einem Betrieb angefallen sind, gegenübergestellt. Diese Gegenüberstellung ermöglicht es dem Unternehmen, die Ursachen für den Gewinn bzw. Verlust abzuleiten.

In § 275 HGB ist die Gewinn-und-Verlust-Rechnung in Staffelform (= Darstellung untereinander) für große Kapitalgesellschaften vorgeschrieben. Das Gesetz legt die Reihenfolge und die Bezeichnung der Positionen fest. Einige Konten aus unserer Buchhaltung werden in der GuV-Rechnung nach HGB in einer gemeinsamen Position ausgewiesen.

Die Festlegung der Reihenfolge der Positionen und der Positionsbezeichnungen dient einer besseren Vergleichbarkeit. Die ist auch vor dem Hintergrund einer Veröffentlichung der Gewinn-und-Verlust-Rechnung zu sehen.

In § 276 HGB werden Vereinfachungen für kleine und mittelgroße Kapitalgesellschaften genannt und in § 277 HGB Vorschriften zu einzelnen Positionen dargestellt.

Bilanz und Gewinn-und-Verlust-Rechnung bilden den Jahresabschluss. Kapitalgesellschaften müssen den Jahresabschluss um einen Anhang erweitern, was sich aus § 264 HGB ergibt. Außerdem ist ein Lagebericht aufzustellen.

Jahresabschluss international – die IFRS

Die Rechnungslegung nach HGB ist zwar Grundlage für die Besteuerung eines Unternehmens im Inland. Sie genügt aber nicht den international üblichen Anforderungen an eine schnelle und umfassende kapitalmarktorientierte Berichterstattung über die wirtschaftliche Lage.

Derzeit gibt es zwei weltweit verbreitete Rechnungslegungsvorschriften, nämlich die

- US-GAAP (United States Generally Accepted Accounting Principles) und die
- IAS bzw. IFRS (International Accounting Standards bzw. International Financial Reporting Standards).

Aktiengesellschaften, deren Aktien im Prime Standard der Frankfurter Wertpapierbörse gehandelt werden, müssen einen Abschluss nach IFRS vorlegen. Dasselbe gilt für die Veröffentlichung von Konzernbilanzen.

Die IAS wurden von dem 1973 in London von Berufsverbänden gegründeten International Accounting Standards Committee (IASC) aufgestellt. Seit 2001 nennt sich diese Organisation „International Accounting Standard Board" (IASB). Seither wurden die ursprünglich als „IAS-Regeln" bezeichneten Grundsätze unter der Bezeichnung „IFRS" weiterentwickelt, wobei beide Regelwerke Bestand haben.

Als allgemeiner Grundsatz für den IFRS-Abschluss gilt die wahre und angemessene Darstellung (True and fair view/presentation). Dies bedeutet, dass ein tatsächliches Bild der Lage des Unternehmens zu vermitteln ist. Das nach dem Abschluss des HGB vorherrschende Vorsichtsprinzip tritt stark in den Hintergrund.

Die internationalen Regeln enthalten im Unterschied zu den HGB-Regeln weniger Wahlrechte und stellen ergebniswirksame Vorgänge zeitgemäßer dar. Das Prinzip, ergebniswirksame Ereignisse möglichst realitätsgetreu und zeitnah zu bilanzieren, führt vor allem in der Behandlung von immateriellen Werten, beispielsweise des Firmenwerts, sowie bei Rückstellungen zu teils großen Unterschieden für den Wertansatz eines ganzen Unternehmens gegenüber der Bewertung nach den herkömmlichen HGB-Regeln.

Die Grundannahmen der IAS/IFRS sind:

- periodengerechte Erfolgsabgrenzung (Accrual Basis);
- Unternehmensfortführung (Going Concern);
- Stetigkeit (Consistency), d.h. Beibehaltung der Bewertungsmethoden.

Die Qualitätsanforderungen an den IAS/IFRS-Abschluss sind:

- Verständlichkeit (Understandability), d.h. Informationen müssen nachvollziehbar sein;
- Relevanz (Relevance), d.h. alle für Adressaten wesentlichen Informationen müssen verfügbar sein. Adressaten sind z.B. Investoren, sog. Shareholder und Stakeholder wie Kreditgeber, Kunden, Lieferanten, Arbeitnehmer und die sonstige Öffentlichkeit;
- Verlässlichkeit (Reliability), d.h. keine irreführende Darstellung. Sie muss wahr, vollständig und frei von Willkür sein und darf keine Verzerrungen aufweisen, z.B. durch „stille" Reserven;
- Vergleichbarkeit (Comparability): Zeit- und Unternehmensvergleiche müssen möglich sein. Die Bilanzierungs- und Bewertungsmethoden müssen langfristig beibehalten und offengelegt werden (Stetigkeitsgrundsatz).

Der IFRS-Abschluss gibt den Anteilseignern entscheidungsnützliche Informationen über

- die Vermögenslage,
- die Änderung des Eigenkapitals,
- die Ertragslage,
- die Finanzlage und deren Änderung und
- die Bilanzierungsgrundsätze.

Die Bestandteile des IFRS-Abschlusses sind:

- Bilanz
- Gewinn- und Verlustrechnung
- Anhang (notes)
- Eigenkapitalveränderungsrechnung
- Kapitalflussrechnung

Die Vorlage eines Lageberichts ist nicht Pflicht, wird aber empfohlen.

Der Anhang muss bei kapitalmarktorientierten Unternehmen eine Segmentberichterstattung enthalten, d. h. eine Aufteilung der Umsätze nach verschiedenen Gesichtspunkten, z. B. regional oder nach Produktgruppen.

Die Bedeutung der Rechnungsabgrenzung für die Bilanz

Eines der Hauptziele des betrieblichen Rechnungswesens ist es, den Erfolg eines Jahres messen zu können. Das Jahresergebnis ist Grundlage der Wirtschaftlichkeitsberechnung und der Gewinnausschüttung und -besteuerung. Um Verzerrungen im Vergleich der Jahresergebnisse und in den gewinnbezogenen Auszahlungen zu vermeiden, müssen die Aufwendungen und Erträge einerseits der betrieblichen Tätigkeit und andererseits dem entsprechenden Geschäftsjahr exakt zugeordnet werden. Diese Zuordnung ist Aufgabe der sachlichen und zeitlichen Abgrenzung.

- Betriebsfremde Aufwendungen sind Aufwendungen, die mit dem eigentlichen Betriebszweck nichts zu tun haben, z. B. Verluste aus Wertpapierverkäufen bei einem Industrieunternehmen (sachliche Abgrenzung).
- Außerordentliche Aufwendungen sind Aufwendungen, die ungewöhnlich hoch oder sehr selten sind. Hier ist beispielsweise an einen nicht versicherten Brandschaden zu denken (sachliche Abgrenzung).
- Periodenfremde Aufwendungen sind Aufwendungen, die zwar betriebsbedingt sind, aber in einem früheren Geschäftsjahr verursacht wurden. Als Beispiele sind hier Steuernachzahlungen oder die Inanspruchnahme aus Garantieverpflichtungen für Verkäufe des vergangenen Geschäftsjahres zu nennen (zeitliche Abgrenzung).

Entsprechend lassen sich auch die neutralen Erträge weiter unterteilen.

Im Folgenden werden verschiedene Varianten der Rechnungsabgrenzung vorgestellt:

Antizipative Rechnungsabgrenzung

Spätere Mietzahlung

Ein Unternehmen bezahlt die Dezember-Miete für ein Außenlager in Höhe von 4.000 EUR erst im Januar des folgenden Geschäftsjahres. Wäre die Miete noch im Dezember bezahlt worden, wiese das Konto „Gebäudemiete" den entsprechenden Betrag aus. Zur exakten Abgrenzung muss aber der Mietaufwand für Dezember auf dem Konto gebucht werden.

Buchung am 31.12.:

Soll	***Haben***	***Buchungsbetrag***
Mieten, Pachten	*Sonstige Verbindlichkeiten*	*4.000,00 EUR*

Wenn ein Aufwand gebucht wird, vermindert sich das Eigenkapital. Da aus der Kasse oder vom Bankkonto tatsächlich noch nichts abgeflossen ist, kann der Gegenwert nur als Passivzunahme auf einem dafür geschaffenen Konto erfasst werden. Der auf diesem Konto gebuchte Betrag wird ausgeglichen, wenn die Zahlung im nächsten Geschäftsjahr tatsächlich erfolgt:

Buchung bei Bezahlung im nächsten Geschäftsjahr

Soll	***Haben***	***Buchungsbetrag***
Sonstige Verbindlichkeiten	*Bank*	*4.000,00 EUR*

Auf diese Weise wird im nächsten Geschäftsjahr „erfolgsneutral" gebucht. Da eine Zahlung gewissermaßen in der Erfolgsrechnung vorweggenommen wird, nennt man solche Vorgänge antizipativ (= vorwegnehmend).

Transitorische[2] Rechnungsabgrenzung

Überweisung der Kfz-Steuer im Voraus

Am 30.9. zahlt ein Unternehmen die Kfz-Steuer in Höhe von 600 EUR für ein Jahr im Voraus. Im Schema ergibt sich zunächst folgendes Bild:

31.12.

Aufwand des laufenden Geschäftsjahres	*Aufwand des folgenden Geschäftsjahres*
Zahlung am 30.09.	
600,00 EUR:	*450,00 EUR*
150,00 EUR	*Jan.–Sept.*
betrifft Monate:	
Okt.–Dez.	

Auf den Hauptbuchkonten geschieht am 30.9. Folgendes:

Soll	**Haben**	**Buchungsbetrag**
Kfz-Steuer	*Bank*	*600,00 EUR*

Am 30.9. wurde der gesamte Betrag auf dem Konto Kfz-Steuer und Bank gebucht. Aus obiger Abbildung ergibt sich jedoch, dass als Aufwand im laufenden Geschäftsjahr nur ein Viertel des Betrags (150 EUR) auf dem Konto stehen soll. Dies bedeutet, dass der das nächste Geschäftsjahr betref-

2 transitorisch = hinübergehend

fende Teil (450 EUR), auf dem Konto storniert werden muss. Dies geschieht durch folgende Buchungen:

Buchungen zu Jahresende und -beginn

Buchung am Ende des laufenden Geschäftsjahres (31.12.):

Soll	**Haben**	**Buchungsbetrag**
Aktive Rechnungs-abgrenzung	*Kfz-Steuer*	*450,00 EUR*

Buchung zu Beginn des nächsten Geschäftsjahres:

Soll	**Haben**	**Buchungsbetrag**
Kfz-Steuer	*Aktive Rechnungs-abgrenzung*	*450,00 EUR*

Da das Bankkonto wegen der Übereinstimmung des Inventurergebnisses mit der Bilanz nicht korrigiert werden darf, muss in der Bilanz ein Ausgleichsposten für die Stornierung des Aufwands in den Aktiva eingefügt werden. Diesen Posten nennt man „Rechnungsabgrenzung" und wenn er auf der Aktivseite steht „Aktive Rechnungsabgrenzung".

Wofür werden Rückstellungen gebildet?

Rückstellungen sind ungewisse Verbindlichkeiten aus Aufwendungen, die wirtschaftlich dem laufenden Geschäftsjahr zuzurechnen sind.

Ungewisse Baukosten

Die Reparatur des Flachdachs eines Unternehmens ist im Dezember durchgeführt worden. Der Kostenvoranschlag lautet über 15.000 EUR – eine endgültige Abrechnung liegt bis zum Jahresende jedoch noch nicht vor.

Möglicher Garantieanspruch

Ein Bauhandwerker hat einen Garantieanspruch wegen Materialfehlern in bereits eingebauten Abwasserrohren angemeldet. Ob der Anspruch berechtigt ist, hängt von einem in Auftrag gegebenen Gutachten ab. Sollte es zu einem Garantiefall kommen, muss mit einem Schadensersatz von mindestens 50.000 EUR gerechnet werden.

Der geschätzte Aufwand wird im Soll des betreffenden Aufwandskontos gebucht. Für die Gegenbuchung wird das Konto „Rückstellungen" angelegt.

Rückstellungen rechnet man in der Bilanz zum Fremdkapital. Eigentlichen wird nicht direkt Geld für die spätere Begleichung der ungewissen Verbindlichkeit „zurückgestellt". Der Finanzierungseffekt einer Rückstellung liegt darin, dass durch die Aufwandsbuchung kein wirtschaftlich falscher Gewinn ausgewiesen wird, der zu unberechtigter Gewinnbesteuerung und -ausschüttung führen könnte.

Varianten der Baukostenbuchung

Buchung am 31.12.:

Soll	***Haben***	***Buchungsbetrag***
Instandhaltung	*Sonstige Rückstellungen*	*15.000,00 EUR*

Bei Bezahlung im nächsten Geschäftsjahr in Höhe von:

a) 15.000 EUR

Soll	**Haben**	**Buchungsbetrag**
Rückstellungen	*Bank*	*15.000,00 EUR*

b) 16.000 EUR

Soll	**Haben**	**Buchungsbetrag**
Rückstellungen		*15.000,00 EUR*
Sonstige betriebliche Aufwendungen		*1.000,00 EUR*
	Bank	*16.000,00 EUR*

c) 14.000 EUR

Soll	**Haben**	**Buchungsbetrag**
Rückstellungen		*15.000,00 EUR*
	Bank	*14.000,00 EUR*
	Sonstige betriebliche Erträge	*1.000,00 EUR*

Der Gesetzgeber hat einerseits eine Rückstellungspflicht, andererseits aber auch eine Begrenzung der Möglichkeiten für die Bildung von Rückstellungen festgelegt, die auch für das Steuerrecht gelten. Nach § 249 HGB sind folgende Gründe für Rückstellungen zu berücksichtigen:

Eine Rückstellungspflicht gilt für:

- ungewisse Verbindlichkeiten: z. B. Garantieverpflichtungen, zu erwartende Steuernachzahlungen, Urlaubsrückstände, Prozesskosten und Pensionsverpflichtungen;
- drohende Verluste aus schwebenden Geschäften: z. B. drohende Kursverluste aus in ausländischer Währung eingegangenen Vertragsverpflichtungen oder zu erwartenden Zahlungseingängen; aus steuerrechtlicher Sicht sind diese Rückstellungen nicht zulässig;
- unterlassene Instandhaltungsverpflichtungen, die im folgenden Geschäftsjahr innerhalb von drei Monaten nachgeholt werden;
- Gewährleistungen ohne rechtliche Verpflichtung, z. B. aus Kulanz.

Ein Wahlrecht zur Rückstellungsbildung gilt bei:

- unterlassenen Instandhaltungsaufwendungen, die später als drei Monate, aber noch innerhalb des folgenden Geschäftsjahres nachgeholt werden;
- konkret bestimmten Aufwendungen, die dem laufenden oder einem früheren Geschäftsjahr zugerechnet werden können und die am Abschlusstag wahrscheinlich oder sicher, hinsichtlich ihrer Höhe oder des Zeitpunkts ihres Eintritts aber unbestimmt sind, z. B. Großreparaturen.

> Freiwillig gebildete Rückstellungen sind steuerlich nicht anrechenbar. **!**

Rückstellungen sind in Höhe des Betrags anzusetzen, der bei vernünftiger kaufmännischer Beurteilung nach den Verhältnissen am Bilanzstichtag wahrscheinlich zur Erfüllung der Verpflichtung notwendig ist: Da die vernünftige kaufmännische Beurteilung nur ein Schätzmaßstab ist, ist der eigentliche Bewertungsmaßstab für Rückstellungen für ungewisse Verbindlichkeiten der als Erfüllungsbetrag zu verstehende „Rückzahlungsbetrag" gemäß § 253 Abs. 1 Satz 2 HGB. Eine Abzinsung von Rückstellungen ist handelsrechtlich nur zulässig, soweit die ihnen zugrunde liegenden Verbindlichkeiten einen Zinsanteil enthalten, z. B. bei Pensionsrückstellungen.

Auf den Punkt gebracht

Um Verzerrungen im Vergleich der Jahresergebnisse und in den gewinnbezogenen Auszahlungen zu vermeiden, müssen die Aufwendungen und Erträge einerseits der betrieblichen Tätigkeit und andererseits dem Geschäftsjahr wirtschaftlich genau zugeordnet werden. Dies ist Aufgabe der sachlichen und zeitlichen Abgrenzung.

Handelt es sich bei den Aufwendungen/Erträgen um feststehende Beträge, werden sie in der Bilanz als Rechnungsabgrenzung ausgewiesen. Ungewisse Verbindlichkeiten aus Aufwendungen tauchen als Rückstellungen in der Bilanz auf.

Die Reform des Bilanzrechts

Mit der Reform des Bilanzrechts wurden EU-Vorschriften in deutsches Bilanzrecht umgesetzt. Die Bilanzierungsvorschriften des Handelsgesetzbuchs wurden damit in einigen Bereichen geändert, manche sprechen gar von einem Paradigmenwechsel der Bilanzierung. Elemente der IFRS wurden in das deutsche Bilanzierungsrecht übernommen. Die Reform gilt für Bilanzen ab dem Kalenderjahr 2009.

Folgende wesentliche Änderungen gelten:

- Befreiung von der Buchführungspflicht nach Handelsgesetzbuch für Einzelkaufleute bis zu 600.000 EUR Umsatz und 60.000 EUR Gewinn pro Geschäftsjahr. Diese Kaufleute brauchen für steuerliche Zwecke nur eine Einnahmenüberschussrechnung (vgl. nächstes Kapitel) durchzuführen.
- Anhebung der Schwellenwerte für Informationspflichten nach § 267 HGB um rund 20 % führte zu Erleichterung für kleine und mittelgroße Kapitalgesellschaften.
- Große Kapitalgesellschaften brauchen nur einen IFRS-Jahresabschluss aufzustellen und offenzulegen. Dieser muss im Anhang eine Bilanz und Gewinn-und-Verlust-Rechnung nach HGB-Bilanzrecht enthalten. Letztere werden für Zwecke der Gewinnausschüttung und Besteuerung benötigt.
- Für mittelständische Unternehmen bleibt es bei der Möglichkeit, eine „Einheitsbilanz" aufzustellen, die Grundlage für die Ausschüttungsbemessung und Gewinnbesteuerung ist.

- Immaterielle selbstgeschaffene Vermögensgegenstände des Anlagevermögens wie z. B. ein Patent sind in der HGB-Bilanz anzusetzen. Dadurch können insbesondere Unternehmen mit einem Schwerpunkt auf Forschung und Entwicklung ihre Eigenkapitalbasis ausbauen. Steuerlich sind die Aufwendungen aber abzugsfähig. Auch stehen sie nicht für die Gewinnausschüttung zur Verfügung.
- Abkehr vom Grundsatz des traditionellen Vorsichtsprinzips bzw. des strengen Niederstwertprinzips bei der Bewertung der zu Handelszwecken erworbenen Finanzinstrumente, z. B. Aktien, Schuldverschreibungen, Derivate usw. Diese Aktiva werden zum Bilanzstichtag mit dem Zeitwert, also z. B. dem Tageskurs zum Bilanzstichtag, bewertet, ohne dass ein Gewinn durch Verkauf des Papiers realisiert worden ist. Hier kommt also bei der Bewertung das „true-and-fair-value-Prinzip" der IFRS zum Tragen. Auf die nicht realisierten Gewinne entfällt aber keine Gewinnsteuer.
- Die Rückstellungsbewertung wurde realistischer. Künftige Entwicklungen sind zu berücksichtigen und die Rückstellungen sind abzuzinsen.
- Auf ausländische Währung lautende Vermögensgegenstände, Schulden, Rechnungsabgrenzungsposten, Aufwendungen und Erträge sind mit dem Devisenkassakurs umzurechnen.
- Bewertungsdifferenzen zwischen Steuer- und Handelsrecht, aus denen sich Steuergutschriften bzw. Nachzahlungen ergeben, sind als sogenannte aktive oder passive latente Steuern auszuweisen.

- Das Wertaufholungswahlrecht des bisherigen § 253 Abs. 5 HGB wurde aufgehoben, d. h. auch Genossenschaften, Personenhandelsgesellschaften und Einzelkaufleute sind zu Wertaufholungen verpflichtet.

Wer erstellt eine Einnahmenüberschuss-rechnung?

Wer nicht zur kaufmännischen Buchführung im Sinne des Handelsgesetzbuchs und der Abgabenordnung verpflichtet ist, muss gleichwohl für steuerliche Zwecke ein Mindestmaß an Aufzeichnungen einhalten. Dies gilt für alle Selbstständigen der freien Berufe (z. B. Journalisten, Architekten, Anwälte, Ärzte). Darüber hinaus können auch folgende gewerbliche und landwirtschaftliche Unternehmen zugunsten einer Einnahme-Überschussrechnung auf eine kaufmännische Buchführung verzichten:

- Gewerbetreibende mit Umsätzen bis zu 600.000 EUR oder Gewinn von bis zu 60.000 EUR im Kalenderjahr;
- Land- und Forstwirte mit einem Wirtschaftswert bis zu 25.000 EUR, Gewinn bis zu 60.000 EUR oder Umsatz bis zu 600.000 EUR im Kalenderjahr.

Im Unterschied zur kaufmännischen Buchführung wird der Gewinn bei der EÜR nicht durch Bilanzierung und daraus folgendem Betriebsvermögensvergleich, sondern wie folgt ermittelt:

Betriebseinnahmen – Betriebsausgaben = Gewinn

Somit müssen alle betrieblichen Einnahmen und Ausgaben aufgezeichnet werden. § 4 Abs. 3 EStG1 lässt diese Art der

Abrechnung zu, ohne genaue Bestimmungen über die Aufzeichnungspflicht zu enthalten.

Wer eine EÜR durchführt, sollte folgende Hinweise beachten:

Geleistete Anzahlungen gelten als Betriebsausgabe, während erhaltene Anzahlungen Betriebseinnahmen darstellen.

Betriebseinnahmen entsprechen dem Entgelt im Umsatzsteuerrecht. Dazu gehören also auch Einnahmen aus Hilfs- und Nebengeschäften, soweit sie im Betrieb anfallen. Sofern der Unternehmer umsatzsteuerpflichtig ist, gilt der erhaltene Bruttobetrag als Betriebseinnahme. Für die Ermittlung der Umsätze im Sinne des Umsatzsteuerrechts sind zusätzlich jeweils die Nettobeträge aufzuzeichnen. Erstattete Vorsteuer gilt als Betriebseinnahme.

Betriebsausgaben sind so aufzuzeichnen, dass ein sachverständiger Dritter sie leicht und einwandfrei überprüfen kann. Dazu müssen sie einzeln, fortlaufend und unter Angabe des Datums sowie des Verwendungszwecks aufgezeichnet werden. Am Schluss des Kalenderjahrs sind die Betriebsausgaben zusammenzurechnen. Für umsatzsteuerpflichtige Unternehmen gelten als Betriebsausgaben die Bruttobeträge. Die zu zahlende Umsatzsteuer gilt ihrerseits als Betriebsausgabe. Die Vorsteuerbeträge sind gesondert zu erfassen und aufzuzeichnen.

Für **Abschreibungen** gelten die allgemeinen Abschreibungsvorschriften (siehe Seite 74). Für die abzuschreibenden Anlagegüter und GWG muss ein Verzeichnis geführt werden (Anlagespiegel). Die nicht abnutzbaren Wirtschaftsgüter des Anlagevermögens (z. B. ein Grundstück) sind ebenfalls unter Angabe des Anschaffungs- oder Herstellungstages und der Anschaffungs- oder Herstellungskosten in ein laufend zu führendes Verzeichnis (§ 4 Abs. 3 Satz 5 EStG) aufzunehmen.

Kassenaufzeichnungen müssen grundsätzlich nicht in vollem Umfang geführt werden. Nur Bareinnahmen müssen täglich aufgezeichnet werden. Die Aufzeichnungsvorschriften sind weniger formell als bei der kaufmännischen Buchführung. Außer den gerade genannten besteht nach § 4 Abs. 7 EStG eine gesonderte Aufzeichnungspflicht für die nicht abzugsfähigen Betriebsausgaben. Bewirtungsbelege müssen periodisch und zeitnah auf einem besonderen Konto oder einer besonderen Liste eingetragen werden. Für Arbeitgeber, die Lohnsteuer abführen, ergeben sich darüber hinaus Aufzeichnungspflichten aus § 41 EStG. Eine bestimmte Form der Aufzeichnungen ist nicht vorgeschrieben. Prinzipiell genügt die geordnete Zusammenstellung der Betriebseinnahmen und -ausgaben, z. B. in Listen.

Aufbewahrungspflichten gelten allgemein nach dem Steuerrecht, auch wenn die Rechtsgrundlagen dies nicht so klar wie bei der kaufmännischen Buchführung vorschreiben. Die Frist beträgt deshalb nach § 147 AO zehn Jahre.

Sacheinnahmen müssen wie Geldeingänge im Zeitpunkt, in dem sie zufließen, als Betriebseinnahme erfasst werden. Das **Zu- und Abflussprinzip** bezieht sich jeweils auf ein Kalenderjahr. Einnahmen gelten dann als zugeflossen, wenn der Steuerpflichtige wirtschaftlich darüber verfügen kann. Wann dies ist, hängt von der Zahlungsform ab. Der Zuflusszeitpunkt bestimmt, in welches Kalenderjahr die Einnahme in die Gewinnermittlung gehört. Für den Zuflusszeitpunkt gelten folgende Regeln:

- Barzahlung: mit Empfang des Geldes bzw. Einzahlung auf das Konto durch den Zahlenden
- Scheck: mit Überreichung bzw. brieflicher Absendung des Schecks durch den Zahlenden
- Überweisung: mit vorbehaltloser Gutschrift durch die Empfängerbank bzw. zum Zeitpunkt der Abgabe des Überweisungsauftrags bei der beauftragten Bank

Regelmäßig wiederkehrende Einnahmen und Ausgaben, z. B. Miete, sind in dem Jahr zu berücksichtigen, zu dem sie wirtschaftlich gehören, wenn die Fälligkeit und die Bezahlung innerhalb von zehn Tagen vor oder nach dem Jahreswechsel liegen.

Wer seinen Gewinn nach der EÜR errechnet, darf ihn auch mithilfe der kaufmännischen Buchführung ermitteln. Das ist vor allem dann sinnvoll, wenn die EÜR Nachteile mit sich bringt: Da es bei der EÜR keine Rechnungsabgrenzung gibt, kann das Zu- und Abflussprinzip steuerlich in besonderen Situationen zum Nach-, aber auch zum Vorteil führen.

Vor- und Nachteile durch EÜR

Ein Nachteil kann gerade bei Geschäfts- oder Praxiseröffnungen entstehen, wenn zwar schon Betriebsausgaben angefallen sind, es aber noch keine oder nur geringe Betriebseinnahmen gibt. Andererseits können zum Jahresende hin Ausgaben und Einnahmen bewusst und legal vorgezogen oder hinausgeschoben werden. Wenn z. B. ein EÜR-Gewinnermittler an einen anderen EÜR-Gewinnermittler am letzten Tag des Jahres zur Bezahlung einer Rechnung einen Scheck absendet, kann er dies im ablaufenden Jahr als Betriebsausgabe verrechnen, der Empfänger rechnet den im neuen Jahr erhaltenen Scheck dann dem Gewinn dieses Jahres zu. Unter Umständen „lohnt" sich sogar eine Vorauszahlung.

Vordruck „Anlage EÜR"

Der Steuererklärung ist eine Gewinnermittlung auf einem vorgeschriebenen Vordruck beizufügen. Dazu gehört auch ein Formblatt für das Verzeichnis der Anlagegüter. Beide Vordrucke können auch elektronisch übermittelt werden. Es empfiehlt sich, bei den eigenen Aufzeichnungen während des Jahres laufend die im Vordruck vorgesehenen Angaben zu berücksichtigen. So sind bei Verwendung des Vordrucks Raumkosten und andere Grundstücksaufwendungen einzeln und getrennt aufzuzeichnen, ebenso Schuldzinsen, Ausgaben für Geschenke und Bewirtungen. Zusätzlich gilt, dass die Steuerbehörde es nicht beanstandet, wenn Steuerpflichtige mit Betriebseinnahmen unter 17.500 EUR den Vordruck nicht abgeben, sondern den Gewinn formlos ermitteln. Der Vordruck und die dazu gehörenden Erläuterungen können über die Internetseite der Finanzministerien heruntergeladen werden.

Auf den Punkt gebracht

Selbstständige in freien Berufen und Kleinunternehmer können ihren Gewinn in einer Einnahmenüberschussrechnung ermitteln. Dabei wird auf eine Jahresabgrenzungsrechnung verzichtet. Ausgaben und Einnahmen gelten in dem Jahr als Aufwand und Ertrag, in dem sie tatsächlich erfolgt sind.

So wird es noch einfacher: Buchführung mit EDV

Buchhaltungsprogramme

In der Regel wird die Buchhaltung heute nicht mehr manuell, sondern mithilfe der EDV durchgeführt. Die am Markt erhältlichen Buchhaltungsprogramme zeichnen sich meist durch eine komfortable Bedieneroberfläche aus. Auf dem Softwaremarkt gibt es inzwischen – angefangen von Shareware-Produkten bis hin zur professionellen Software – eine große Anzahl von Buchhaltungsprogrammen. Die Qualität ist jeweils auch vor dem Hintergrund der eigenen Bedürfnisse zu beurteilen.

Die Umstellung der Buchhaltung auf EDV ist mit relativ hohen Kosten verbunden. Neben dem Anschaffungspreis für das Programm fallen Ausgaben für die entsprechende Hardware (PC und Drucker) – sofern diese nicht bereits vorhanden sind – an. Deshalb sollte man sich fragen, ob sich die Investitionen wirklich lohnen. Unabhängig von unternehmensspezifischen Faktoren, wie z. B. der Größe des Unternehmens, bringt der EDV-Einsatz enorme Vorteile. Die wichtigsten sind:

- automatische Buchung von Umsatz- und Vorsteuer bei der Erfassung von Geschäftsvorfällen. Das Zahlenmaterial ist für eine Umsatzsteuerverprobung verfügbar. Mit „Umsatzsteuerverprobung" ist ein Vergleich des Saldos des Umsatzsteuerkontos mit der Summe der Salden aller Erlös- und Erlösberichtigungskonten gemeint;

- Protokollierung aller gebuchten Geschäftsvorfälle. Das Buchungsjournal ermöglicht jederzeit eine Kontrolle und dient als Buchungsnachweis;
- automatische Berechnung der Skontobeträge. Dadurch wird einerseits eine optimale Skontoausnutzung durch den Nutzer (Eingangsrechnungen) und andererseits eine optimale Überprüfung der Berechtigung eines Skontoabzugs durch einen Kunden (Ausgangsrechnungen) ermöglicht;
- automatische Erstellung von Fälligkeitslisten (Mahnwesen) und Mahnungen verschiedener Mahnstufen;
- automatischer Ausdruck oder Online-Übertragungen von Überweisungen;
- Kontenausdruck mit aktuellem Kontenstand ist jederzeit möglich;
- automatische Erstellung der GuV-Rechnung und einer „vorläufigen" Bilanz;
- automatische Erstellung der Umsatzsteuervoranmeldung;
- vielfältige statistische Auswertungsmöglichkeiten.

Viele Buchhaltungsprogramme sind nach dem „Baukastenprinzip" aufgebaut: Neben dem Grundmodul („Kern" des Programms) können verschiedene Zusatzmodule (z. B. „Kostenrechnung", „Auftragsbearbeitung") erworben werden. Welche Vorteile im Einzelnen genutzt werden können, hängt u. U. also auch davon ab, welche Zusatzmodule erworben wurden.

Bei der Buchung gibt es grundsätzlich zwei Möglichkeiten:

Arten der Buchung in Finanzbuchhaltungsprogrammen	
Dialogbuchen	**Stapelbuchen**
• Sofortige Buchung auf Konten • Keine Löschung der Buchung möglich • Korrektur nur durch Storno-Buchung • Storno-Buchungen erscheinen im Journal	• Zunächst nur Buchungserfassung • Löschung oder Änderung möglich • Buchung der erfassten Buchungssätze erst durch Aktivierung einer entsprechenden Schaltfläche (= Buchen des Buchungsstapels)

Unabhängig davon, ob wir im Dialog oder Stapel buchen, erlaubt die EDV-Buchführung eine vereinfachte Eingabe. Verdeutlichen wir das an der Buchung einer Ausgangsrechnung.

Buchung einer Ausgangsrechnung

Der Buchungssatz (siehe Seite 33) lautet:

Konten		***Buchungsbetrag in EUR***	
Soll	***Haben***	***Soll***	***Haben***
Kunde		*1.190,00*	
	Umsatzerlöse		*1.000,00*
	Umsatzsteuer		*190,00*

Das Buchhaltungsprogramm bucht den Geschäftsfall in der oben dargestellten Art und Weise. Die Eingabe gestaltet sich aber einfacher: Eine Umsatzsteuerautomatik berechnet die Umsatzsteuer selbstständig. Es ist möglich, bei der Anlage von Konten einen Steuerschlüssel zu hinterlegen. Ist das

Konto „Umsatzerlöse" bereits angelegt, können Sie den Steuerschlüssel ansehen.

Es können unterschiedliche Steuersätze (z. B. 7 % oder 19 %) ausgewählt werden. Dieser Steuerschlüssel bewirkt, dass bei einer Buchung auf dem Konto „Umsatzerlöse" 19 % Umsatzsteuer automatisch berechnet und auf das Umsatzsteuerkonto gebucht werden.

Kurzum: Immer wenn ein Buchungsbetrag auf das Konto „Umsatzerlöse" gebucht wird, „weiß" das Programm, dass es sich um einen Bruttobetrag handelt, aus dem die Umsatzsteuer herauszurechnen ist. Dank dieser Steuerautomatik, die Sie jederzeit manuell deaktivieren können, ist folgende vereinfachte Eingabe möglich:

Vereinfachte Eingabe

Soll (Konto)	***Haben (Gegenkonto)***	***Buchungsbetrag in EUR***
Kunde	*Umsatzerlöse*	*1.190,00*

Das Programm rechnet nun die Umsatzsteuer (119 % = 1.190,00 EUR; 19 % = x EUR) aus und bucht den Betrag (190 EUR) automatisch auf das Konto „Umsatzsteuer". Auf dem Umsatzerlöskonto bucht das Programm dann nur den Nettobetrag (1.190,00 EUR – 190 EUR = 1.000,00 EUR). Letztendlich bucht das Programm also genau so, wie wir es auch manuell tun würden. Nur die Eingabe ist vereinfacht. Es werden nicht 1.190,00 EUR auf Umsatzerlöse gebucht, denn dies wäre ja falsch, wie wir wissen.

Die Übertragung vom Kundenkonto der Nebenbuchhaltung auf das Hauptbuchkonto „Forderungen aus Lieferungen und

Leistungen" erfolgt automatisch, sofern eine entsprechende Kontenzuordnung (Debitorennummernkreis zu Forderungen) vorgenommen wurde.

Entsprechendes gilt auch für die Eingabe von Eingangsrechnungen. Auch hier gibt es Steuerschlüssel und Steuerautomatik und auch hier wird der Bruttobetrag eingegeben, aus dem die Software die Vorsteuer herausrechnet und die entsprechende Buchung vornimmt. Durch Zuordnung des Kreditorennummernkreises zu „Verbindlichkeiten aus Lieferungen und Leistungen" kann eine automatische Übertragung aus der Nebenbuchhaltung (Kreditorenkonten) auf die Hauptbuchhaltung (Verbindlichkeiten) vorgenommen werden.

Auf den Punkt gebracht

Mithilfe von Buchhaltungssoftware werden Vorgänge automatisiert (Umsatzsteuervoranmeldung, Mahnwesen usw.). Die für eine Buchung notwendigen Handgriffe werden vereinfacht, da das Programm die zu berücksichtigende Umsatzsteuer bzw. Vorsteuer selbstständig berechnet und entsprechend bucht. Die Übertragung der Buchungen auf die Hauptbuchkonten erfolgt ebenfalls automatisch.

Geschäftsprozesse und IUS-Programme

In den letzten Jahren sind funktionsübergreifende Prozesse immer mehr in den Mittelpunkt gerückt. Hier kommen speziell dafür entwickelte Softwarelösungen zum Einsatz.

Es handelt sich um integrierte Komplettlösungen, sog. ERP-Programme (**E**nterprise **R**esource **P**lanning). Diese auch als IUS-Programme (**I**ntegrierte **U**nternehmens**s**oftware) bezeichneten Softwarelösungen gehen über die reine Finanzbuchhaltung hinaus. Hier soll der Geschäftsprozessgedanke in seinen Grundzügen erläutert werden:

Worin besteht das Geschäftsprozesskonzept?

Beim Geschäftsprozesskonzept wird versucht, die in Unternehmen anfallenden, typischen Aufgaben in zusammenhängende Abfolgen von Tätigkeiten zu gliedern. Nach einer Analyse des Istzustands können die Abläufe vereinheitlicht und damit standardisiert werden. Dazu werden folgende Fragen beantwortet:

- Welche Abläufe erfolgen?
- Wer ist verantwortlich?
- Welche Tätigkeiten werden konkret ausgeführt?
- Welche Unterlagen werden eingesetzt/benötigt?

Geschäftsprozesse werden nur für solche Abläufe modelliert (= beschrieben), die sich regelmäßig wiederholen.

Neben der Optimierung betriebsinterner Abläufe spielt die Kundenorientierung im Sinne einer umfassenden Berücksichtigung der Belange der Kunden eine entscheidende Rolle. Eine tayloristische Aufspaltung in Einzeltätigkeiten tritt zugunsten eines ganzheitlichen, kundenorientierten Denkens zurück. Funktions- und abteilungsspezifische Tätigkeiten nehmen zugunsten bereichsübergreifender Tätigkeiten ab.

Softwarelösungen

Die verstärkte Vernetzung betrieblicher Teilbereiche verlangt in Unternehmen in der Regel auch nach einer alle Bereiche integrierenden Software: einem IUS- bzw. ERP-Programm. Diese Programme unterscheiden sich von reinen Finanzbuchhaltungsprogrammen dadurch, dass sie prozessorientiert aufgebaut sind und eine zentrale Datenbank verwenden. Dies ermöglicht eine komplette Integration der einzelnen Module und verhindert eine mehrfache Erfassung von Daten. In Nicht-IUS kann es zwar auch Module geben (z. B. Lager, Angebotserstellung, Finanzbuchhaltung etc.), diese sind aber nicht vernetzt und bestehen u. U. aus einzelnen Datenbanken.

Dies bedeutet z. B., dass man in der Finanzbuchhaltung eine Ausgangsrechnung (AR) bucht, der Lagerbestand (Modul „Lager") aber dadurch nicht verändert wird. Hier müsste man den mengenmäßigen Abgang im Lager separat erfassen. Bei einer IUS würde die wertmäßige Erfassung des Verkaufs automatisch zu einer mengenmäßigen Verminderung des Lagerbestands führen. Auch andere Prozesse laufen automatisch ab:

Erfassung eines Kundenauftrags

Die Erfassung eines Kundenauftrags führt zu einem Abgleich mit dem im Lager vorhandenen Bestand. Reicht dieser für die Ausführung des Auftrags nicht aus, erscheint bereits bei dessen Erfassung eine entsprechende Meldung des Lagers, dass der vorhandene Bestand um x Stück zu niedrig ist. Am Bildschirm kann dann entschieden werden, ob der Auftrag dennoch angenommen werden soll.

Dieses Beispiel macht deutlich, dass der Prozess der Kundenauftragsbearbeitung mehrere betriebliche Funktionen (Einkauf, Lager, Produktion, Verkauf) miteinander verknüpft.

Verdeutlichen wir den Zusammenhang weiter am Beispiel des Prozesses „Kundenauftragsbearbeitung". Betrachtet man die Finanzbuchhaltung isoliert, dann beginnt dort die Tätigkeit im Rahmen eines Verkaufs mit der Erfassung und Buchung der Rechnung. Diesem Vorgang gingen aber bereits Aktivitäten voraus. Greifen wir ein einfaches Beispiel aus der Geschäftstätigkeit heraus:

Kundenauftragsbearbeitung

1) 8. Jan. *Ein Kunde fragt schriftlich an, ob wir eine bestimmte Stückzahl eines unserer Artikel vorrätig haben. Er benötigt die Ware bis spätestens 28. Januar.*

2) 13. Jan. *Wir erstellen ein entsprechendes Angebot. Da der Artikel in der nötigen Anzahl im Absatzlager vorhanden ist, kann der gewünschte Liefertermin zugesagt werden.*

3) 20. Jan. *Die Bestellung (= Auftrag) des Kunden entsprechend unserem Angebot trifft ein.*

4) 24. Jan. *Wie liefern die Ware an den Kunden mit Lieferschein und Ausgangsrechnung aus.*

5) 10. Feb. *Der Kunde überweist den Rechnungsbetrag für unsere Ausgangsrechnung vom 24. Januar.*

Der Buchung der Ausgangsrechung gingen die Aktivitäten 1) bis 3) voraus und es folgt die Aktivität 5).

Dieser vereinfachte (ausreichend Lagerbestand vorhanden) Ablauf stellt einen Prozess dar. Verallgemeinert man diesen Vorgang, lässt er sich z. B. wie folgt darstellen:

Nun wird häufig der Fall auftreten, dass der vorhandene Lagerbestand an Fertigerzeugnissen nicht ausreicht, um den Kundenauftrag zu erfüllen. Hier müsste der Prozess um die Produktion und ggf. Teilebeschaffung an entsprechender Stelle erweitert werden. Hat der Kunde Handelswaren bestellt, wäre in obiger Darstellung nach Auftrag „Beschaffung" einzufugen. Unterhalb von Beschaffung könnte man einen Subprozess (= Unterprozess) „Beschaffung von Handelswaren" einfügen. Dieser könnte die Teile „Losbildung, Lieferantenauswahl, Bestellung, Lieferung und Zahlung der Eingangsrechnungen" beinhalten.

Um eine Standardisierung zu erreichen, muss präzisiert werden, was jeweils zu tun ist. So muss z. B. beim Eintreffen der Anfrage mithilfe der Kundendatei geprüft werden, ob der Kunde bereits vorhanden (angelegt) ist. Ist dies der Fall, kann man auf der Grundlage der Artikeldatei dazu übergehen zu prüfen, ob die Ware vorhanden ist. Ist der Kunde neu, muss er erst in der Kundendatei angelegt werden. Bereits hier wird deutlich, wie wichtig eine präzise Istanalyse der Vorgänge ist.

Ereignisgesteuerte Prozessketten (EKP)

Mithilfe von ereignisgesteuerte Prozessketten (EPK) können Geschäftsprozesse differenzierter dargestellt werden.

Die EPK bilden letztlich auch die Grundlage für die integrierte Unternehmenssoftware. Diese Programme sind prozessorientiert aufgebaut. So finden sich in einem Modul „Kunden/Verkauf" (die Bezeichnung der Module hängt von der jeweiligen Software ab) Unterpunkte entsprechend der Prozesskette: Angebote, Aufträge, Rechnungen usw. Wurde z. B. das Angebot erfasst und der Kundenauftrag trifft ein, ist keine erneute Erfassung nötig. Das Angebot wird in einen Auftrag umgewandelt, d. h. die entsprechenden Daten an das nächste Element der Kette weitergereicht. Außerdem haben wir bereits ausgeführt, dass schon bei der Angebotserstellung durch den Zugriff auf eine Datenbank u. a. ein Abgleich mit dem Lagerbestand erfolgt. Wurde das Angebot in einen Auftrag umgewandelt, erfolgt in der Lagerverwaltung automatisch ein Vermerk bezüglich der benötigten Menge.

Wird der Auftrag ausgeführt, werden die Daten weitergereicht. Nach Ergänzung des Lieferdatums/Rechnungsdatums kann die Ausgangsrechnung ausgedruckt und – nach Ergänzung des Buchungsdatums – automatisch gebucht werden. Im Rahmen warenwirtschaftlicher Vorgänge ist die Eingabe eines Buchungssatzes nicht erforderlich.

Der modulare Aufbau des Programms (Modul „Kunden/Verkauf") ermöglicht es ihm zu erkennen, dass es sich bei der Ausgangsrechung um einen Verkauf handelt, der auf „Umsatzerlöse" zu buchen ist. Auf der Grundlage der in der Rechnung ausgewiesenen Artikel wird automatisch eine Zuordnung (Artikeldatenbank) zu „Umsatzerlöse Handelswaren" bzw. „Umsatzerlöse eigene Erzeugnisse" vorgenommen. Da die Ausgangsrechnung ja den Namen und die Adresse des Kunden enthält, kann bei der Buchung problemlos das entsprechende Debitorenkonto (Kundendatenbank) eingefügt werden. Durch die hinterlegte Kontenmatrix bzw. entsprechende Umsatzsteuerschlüssel erfolgt die korrekte Buchung auf dem Umsatzsteuerkonto ebenfalls programmgesteuert (Umsatzsteuerautomatik).

Hier wird deutlich, dass die Finanzbuchhaltung nicht mehr isoliert, sondern als Teil eines Prozesses betrachtet werden muss. ERP-Systeme verschiedener Anbieter unterscheiden sich in ihrem Funktionsumfang. Neben Modulen, die den Kernbereich des Unternehmens abdecken, gibt es diverse Zusatzmodule. Die Software kann in der Regel auf die spezifischen Bedürfnisse des Kunden angepasst werden (= Customising).

Prozessanalyse

Die Geschäftsprozessoptimierung bleibt eine permanente Aufgabe der Unternehmen. Eine Optimierung setzt eine fundierte Prozessanalyse voraus. Für die Analyse stehen u. a. folgende Methoden zur Verfügung:

Ausgewählte Methoden der Prozessanalyse	
Benchmarking	Erkundung von Verbesserungsmöglichkeiten durch Vergleich der eigenen Geschäftsprozesse mit denen von Spitzenunternehmen derselben Branche
Workflow-Analyse	Erkundung von Verbesserungsmöglichkeiten durch Untersuchung häufig auftretender Fehler im Prozessablauf
Referenzanalyse	Erkennen von Verbesserungsmöglichkeiten durch Vergleich der eigenen Prozesse mit Prozessmodellen, die die IUS zur Verfügung stellt

Ausgewählte Methoden der Prozessanalyse	
Schwach-stellen-analyse	Ausgehend von konkreten Prozessmängeln (z. B. Kundenauftragsbearbeitung dauert zu lange) wird auf Mängel des Geschäftsprozesses (z. B. unklare Zuständigkeitsregelung) geschlossen

Auf den Punkt gebracht

IUS- bzw. ERP-Programme sind prozessorientiert aufgebaut und ermöglichen es, betriebliche Teilbereiche miteinander zu vernetzen. Dadurch wird die mehrfache Erfassung von Daten überflüssig, da diese automatisch an das nächste Glied der Prozesskette weitergereicht werden.

Stichwortverzeichnis

Die Autoren

Diplom-Handelslehrer **Erich Herrling** ist in verschiedenen Einrichtungen der kaufmännischen Berufsbildung tätig und unter anderem Mitautor des Beck-Wirtschaftsberaters „Der Buchführungs-Ratgeber“ (dtv 50953).

Diplom-Handelslehrer **Claus Mathes** ist Professor und Bereichsleiter für Betriebswirtschaftslehre an einem Lehrerbildungsseminar und unter anderem Autor des Buches „Wirtschaft unterrichten. Methodik und Didaktik der Wirtschaftslehre“ und Mitautor des Beck-Wirtschaftsberaters „Der Buchführungs-Ratgeber“ (dtv 50953).

Impressum:
Verlag C. H. Beck im Internet: http://www.beck.de
ISBN: 978-3-406-72283-7

Wilhelmstraße 9, 80801 München
Satz: Fotosatz Buck, 84036 Kumhausen
Druck und Bindung: Beltz Bad Langensalza GmbH,
Am Fliegerhorst 8, 99947 Bad Langensalza
Umschlaggestaltung: Ralph Zimmermann – Bureau Parapluie
Bildnachweis: © DragonImages – depositphotos.com
Gedruckt auf säurefreiem, alterungsbeständigem Papier
(hergestellt aus chlorfrei gebleichtem Zellstoff)